天下文化
Believe in Reading

# 職場人的生成式AI工作法

## 《哈佛商業評論》提升生產力、團隊創意和決策品質的35堂課

艾麗莎・法瑞 Elisa Farri
賈布里・羅薩尼 Gabriele Rosani ──著

廖月娟──譯

# 目錄

| 推薦序 | 我們正邁入與 AI 一起工作的新階段 ◎程世嘉 | 004 |
| 閱讀指引 | 你能從本書學到什麼 | 011 |
| 前　言 | 生成式 AI 的優勢與風險 | 015 |

## 第1部　職場人必須知道的生成式 AI 知識

- 第1章　從工具變成合作者　023
- 第2章　是助理，也是協思夥伴　031
- 第3章　駕馭新的思維模式　051
- 第4章　35項職場任務的改善方法　067

## 第2部　自我管理

- 第5章　日常工作如何優化　073
- 第6章　個人生產力　077
- 第7章　內容生成　089
- 第8章　自我成長　101
- 第9章　說服與溝通　111

## 第3部　團隊管理

- 第10章　團隊合作如何改善　125
- 第11章　支援團隊運作　129

| | | |
|---|---|---|
| 第12章 | 激發集體創意 | *143* |
| 第13章 | 領導團隊 | *157* |
| 第14章 | 解決共同的問題 | *173* |

## 第4部 企業管理

| | | |
|---|---|---|
| 第15章 | 企業經營如何進化 | *189* |
| 第16章 | 數據分析 | *193* |
| 第17章 | 客戶洞察 | *209* |
| 第18章 | 研擬商業方案 | *219* |
| 第19章 | 執行重要決策 | *233* |

## 第5部 變革管理

| | | |
|---|---|---|
| 第20章 | 組織變革如何加速 | *249* |
| 第21章 | 轉型支援 | *253* |
| 第22章 | 領導變革 | *265* |

| | | |
|---|---|---|
| 結 語 | 生成式AI對工作模式的影響 | *277* |
| 附 錄 | 專有名詞表 | *295* |
| 注 釋 | | *299* |

## 推薦序
# 我們正邁入與 AI 一起工作的新階段

程世嘉（Sega Cheng）／iKala 共同創辦人暨執行長

大家都開始使用 AI 了。不過，多數職場人士對於 AI 的想像，還暫時停留在「高效率的工具」或「任勞任怨的虛擬助理」。而且與此同時，內心深處始終夾雜一絲的焦慮與不安，擔心 AI 是否就此超越我們、取代我們？

然而，我們對 AI 正確的認知，不只是「代勞」，應該還有「增強」。既然 AI 這麼強，那麼我們不只是要請它代勞，還要讓它來協助我們讓自己變得更好，做出更好的決定，這才是物盡其用，也才對得起我們每個月付的昂貴訂閱費。

這本《職場人的生成式AI工作法》的精闢之處就在於這個想法。它精準的為我們描繪下一個職場上的藍圖。它告訴我們，生成式AI不僅是提升個人生產力的捷徑，更是一位能與我們深度協作的「夥伴」。作者因此總結出「助理」（Co-Pilot）與「協思夥伴」（Co-Thinker）這兩種相輔相成的合作模式，我深信這是未來所有管理者和工作者的兩種日常工作模式。

Co-Pilot這個名詞過去幾年因為科技大廠（最早由微軟提出，作為該公司一項產品的正式名稱）而朗朗上口，在全世界強力形塑AI作為助理的形象，這是多數人熟悉AI的起點。AI將我們從繁瑣、重複的任務中解放出來，讓我們能專注於更具創造性與策略性的工作。本書鉅細靡遺的介紹如何優化郵件與時間管理、生成內容、製作投影片等日常任務，這些都是立即可上手的實用技巧，呼應AI作為助理可以代勞我們的地方。

但如果你只是把AI當做助理，就有點可惜了，甚至可以說有點「大材小用」。

本書真正的精髓，在於提出「協思夥伴」這種人機

協作的新模式。生成式 AI 在超越只會玩文字接龍的聊天機器人發展階段之後，這正是它能夠發揮革命性潛力的地方。當我們將 AI 視為一個協助思考的夥伴，它能扮演客戶、團隊成員，甚至是刻意唱反調的「奧客」。它能提醒我們的思考盲點、拓展我們的決策視野、陪我們進行策略推演，甚至在我們需要自我反思、尋求回饋與情緒價值時，成為一個客觀中立的「教練」。書中從自我成長、團隊領導、企業管理到變革管理，系統性的展示如何透過精心設計的對話大綱與提示詞，引導 AI 與我們進行高品質的策略對話。這不僅是技能的提升，更是工作思維的徹底改變。

身為一名 AI 產業的經營者，我尤其欣賞本書對於「負責任的 AI」的再三叮嚀。書中反覆強調「信任陷阱」、「幻覺」等風險，並提醒我們，人類的批判性思考、情境判斷與最終決策權，是人機協作中不可或缺的核心。AI 提供的答案是起點，而非終點；AI 生成的內容是草稿，而非定稿。這種務實且清醒的態度，正是確保我們能駕馭 AI，而非被其誤導的關鍵。否則，我們真的就把

大腦外包了。這不是一種負責任的使用方式，長期下來也會傷害我們獨立思考的能力。

在 iKala，我們深信 AI 的價值在於「賦能」，賦能企業、賦能團隊，最終回歸到賦能每一個「人」，因此一直以來，我們的使命都是：Empower Your Business with AI。本書所倡導的理念與我們不謀而合。它告訴我們，未來的競爭力，不僅在於掌握多少 AI 工具，更在於我們能否建立起與 AI 高效協作的思維模式與工作流程。

這本書就是帶領我們從「把 AI 當成助理」走向「人機協作」的實戰地圖。它讓我們重新思考：哪些工作應該交給 AI 加速進程？哪些環節需要人類的深度思考與價值判斷？我們的團隊互動、商業決策與組織變革，將因此迎來全新的樣貌。

我誠摯推薦這本《職場人的生成式 AI 工作法》，它不只提供答案，更重要的是，它教你如何提出更好的問題，並引導你與 AI 這個強大的夥伴共同協作、尋找解答。

本書獻給 Alessandro Di Fiore。
我們緬懷他的睿見與指導,
他的智慧至今仍激勵我們。

閱讀指引
# 你能從本書學到什麼？

　　生成式 AI 正在改變組織的運作方式。這對管理層面影響深遠，卻往往遭到忽視。

　　生成式 AI 可以用來草擬電子郵件、摘錄長文、做會議紀錄，但它不只是提高日常生產力的工具，還可以成為組織裡主管共同思考的夥伴，無論組織大小，都能協助主管解決問題並做出決策。它可以充當對手，陪你練習，給你新的觀點，質疑你的假設，甚至強化你的策略思維，幫助你培養領導能力。

　　生成式 AI 能強化並改變管理者的角色，你無法忽視這一點。如果不了解如何與生成式 AI 合作，就有可能錯失良機，無法獲得它帶來的所有效益。如果不採取行動，

主動在 AI 領域發展新技能，甚至可能在職業生涯鑄下大錯。

無論你想快速掌握情況、擴展知識，或者第一次嘗試使用生成式 AI，都可以從本書獲得所需的訊息和技能。每個章節都有實用、可行的建議和簡明扼要的重點提示，讓你發揮生成式 AI 的潛能，為未來做好準備。

你會在本書中學到：

- 機器如何演變成合作者。
- 在生成式 AI 時代探索、塑造管理未來的重要術語和概念。
- 設想生成式 AI 如何提升管理能力。
- 找出把生成式 AI 應用到工作中的最佳方法。
- 了解使用生成式 AI 時可能會碰到的陷阱和風險。
- 培養正確的心態，在運用生成式 AI 的職場裡蓬勃發展。
- 讓生成式 AI 成為你的助理（Co-Pilot）或協思夥伴（Co-Thinker），並以兩種不同的模式與 AI 互動。
- 了解生成式 AI 如何幫助你完成從提升個人生產力到專業

成長等相關工作，而且可以實際運用。
- 如何利用生成式 AI 提升領導力，支持你的團隊。
- 與生成式 AI 進行有意義的對話，做出更好的決策。
- 使用生成式 AI 協助組織變革。

前言
# 生成式 AI 的優勢與風險

各行各業的領導人和管理者已經知道生成式 AI 能讓組織更有效率,提升生產力;但對個別管理者而言,這些效益可能沒那麼明顯。

根據凱捷研究院(Capgemini Research Institute)針對十四個國家、一千一百名領導人(主任、總監以上)所做的調查,95％的組織已經把生成式 AI 列入董事會議程,成為最快獲得高層關注的新技術。在這些組織中,超過一半(54％)的主管表示,公司領導階層大力支持生成式 AI。在高科技產業,這個比例更高達65％。[1]

然而,根據我們的經驗,只有15％的人每天在工作中至少使用一次生成式 AI。另一項針對一千四百名管理

者的調查也進一步證實這點。² 顯然，認識生成式 AI 和實際應用之間出現巨大差距。只有能縮小這個差距的管理者才能充分獲得效益，並在未來蓬勃發展。

所幸，我們能迅速縮小這個差距。使用生成式 AI 不需要會寫程式。由數據科學家、開發人員和 IT 專家把關 AI 的時代已成為過去。如今任何人都能透過生成式 AI 的自然語言介面進行互動，藉此完成工作。

將生成式 AI 納入日常工作之後，卻有很多因素會降低工作效能。有些管理者認為自己的角色不會出現重大改變。很多人不知道生成式 AI 可以協助他們處理各式各樣

### 什麼是生成式 AI？

生成式 AI 是能從大量數據中學習和模仿的人工智慧。根據輸入和提示詞創造出文字、圖像、音樂、影片、程式碼等內容。＊

＊資料來源：哈佛大學資訊科技部 https://huit.harvard.edu/ai#

的職場任務。還有一些人雖然會使用生成式 AI，但不知如何把生成式 AI 完全融入例行的工作流程。很多人由於沒有實用的建議與提示，也缺乏足夠的實作經驗，因而碰到障礙、嘗試幾次後就放棄；不然就是一意孤行，不管是對是錯，還是不顧風險；最糟的是，他們乾脆交給其他人來使用生成式 AI，結果逐漸落於人後。

無論你是管理新手，還是經驗豐富的老手，你的成功都取決於是否有能力運用生成式 AI，換另一種方式做事。這是你的工作和責任，無法外包或委託給別人，必須親力親為，了解如何利用生成式 AI，為你自己、你的團隊和你的公司帶來效益。

了解生成式 AI 帶來的挑戰也是你的工作。生成式 AI 除了會帶來效益，也會帶來倫理、法律、安全和監理風險。如果你是管理者，你有責任去樹立榜樣，也必須指出團隊需要考慮的潛在風險。

## 本書能為你做什麼

這本書不只會讓你了解生成式 AI 的威力，還會教你

在日常工作中積極運用這種工具的方法。作者以專業知識為基礎，提供實務上的建議，並根據研究、實驗與先驅者訪談提供簡明指引，也提醒讀者必須注意哪些陷阱。[3] 本書提供沉浸式學習體驗，透過實用的建議、範本和例子，引導你把新的概念和工具應用到工作中。每一章結尾還有重點摘要，幫你整理付諸實踐的想法。

　　本書融合知識傳授與實作練習，藉以培養實用的技能。全書分為五個部分，首先探討生成式 AI 如何徹底改變你和機器的合作方式，以及需要培養什麼樣的心態才能善用生成式 AI，提升工作效率；接著介紹如何運用生成式 AI 來加強自我、團隊和公司的管理；最後一部分則聚焦於如何因應組織導入生成式 AI 所引發的複雜變化。

　　如果你對生成式 AI 的概念還很陌生，建議從頭到尾依序閱讀本書；如果你已經充分了解基本概念，可以先閱讀第 1 部（第 1 章至第 4 章），熟悉全書出現的一些重要術語和方法，然後查看目錄，跳到任何章節開始嘗試。萬一碰到陌生的名詞，可查閱書末的詞彙表，幫你了解生成式 AI 的術語定義。

最重要的一點是，請記住，這本書不只要拿來閱讀，更是一本萬用手冊。不論你使用的是**哪種**生成式 AI 工具，都能獲得更好的成果。在翻閱本書時，你會經常得到啟發，想要嘗試生成式 AI 的新用法。那就放手去做吧！你可以隨時把這本書放下來，立即嘗試，必然會獲得新的想法，靈感泉湧。

我們希望這本書能讓你自信十足的站在生成式 AI 革命的浪尖，發現這項技術的潛力，將生成式 AI 整合到日常的職責之中，不必依賴別人解釋生成式 AI 能做什麼。這是解鎖生成式 AI 全部潛能的好機會。你將成為這方面的先驅，在前方引領變革，而非在後頭苦苦追趕。你也將成為運用生成式 AI 的榜樣，激勵你的團隊、同事和同儕跟隨你的腳步。

# 第 1 部

# 職場人必須知道的生成式 AI 知識

生成式 AI 正在改變工作模式，
它從工具進化為可對話的合作夥伴。
聰明的職場人掌握以自然語言與 AI 溝通以及指派任務的新能力，
提升決策品質與執行效率。

# 第 1 章
# 從工具變成合作者

過去,人類主要把機器當成工具;但是今天,機器已經逐漸成為合作夥伴。隨著生成式 AI 模型問世,我們可以用自然語言跟機器對話,要求機器協助完成工作及與人交談。本章將簡要回顧這個發展過程。

**傳統觀點:機器是工具**

從古至今,機器不斷改變我們的工作方式。個人電腦使處理數據得以自動化和簡化;電子郵件改革管理者與團隊溝通的方式;搜尋引擎的興起,使人們得以即時獲取巨量資訊,顛覆傳統的研究和決策模式;智慧型手機則進一步推動這場演進,帶來前所未有的連結性和靈活性,讓

人可以隨時連接網路和其他設備；視訊會議工具使人得以採用遠距工作和混合工作模式，改變我們對工作的思考方式。

儘管科技徹底改變工作模式，有一個基本思維始終如一，也就是：**把科技和機器視為工具**。雖然機器日益強大、複雜，本質上仍被視為輔助和執行的工具。機器在自動執行重複性的工作、分析大量資料和促進溝通方面都扮演重要角色。然而，創意和策略思考依然超出機器的能力範疇。

創新和進步始終源於人類的合作和創造力。當人們共同腦力激盪，互相啟發，創新最為有效。無論機器多麼先進，都只是供人使用的工具，而非合作夥伴。沒有人會把筆記型電腦或電子郵件系統視為合作夥伴。這些科技牢牢根植在「工具」這個概念下，在人類主導的策略中扮演邊緣角色，充其量只能稍微協助決策。

## 過渡時期的觀點：機器是幫手

AI 系統的導入，促使各界討論如何以最有效的方式

在組織中整合新技術與人力。[1]管理者將某些工作分配給智慧型機器,來利用機器的效率和分析能力,而其他需要人類見解和創意的工作,仍由管理者負責。不過,人類與機器之間的關係仍有明確的界線,是互補的兩個角色,而非融為一體。儘管機器愈來愈聰明,還不到能成為合作夥伴的程度。

在2010年代,隨著AI虛擬助理的出現,人類與機器的互動方式出現變化。機器逐漸開始以自然語言回應簡單的請求。

運用自然語言處理技術的虛擬助理,如蘋果在2011年推出的Siri、2014年問世的微軟Cortana和亞馬遜Alexa,以及在2016年問世的Google Assistant,都展現出與人類互動的能力。然而,這幾種AI虛擬助理還在發展中,它們理解與處理人類語言的能力仍未成熟,互動時經常顯得很機械化,而且在應用上有所局限。使用者常常因為溝通不良,或系統無法完全理解帶有細微差別的請求而感到挫折。因此,AI虛擬助理被視為新奇的小玩意或玩具,卻缺乏足夠的深度和靈活性,與人類的合作也無法

跟真實人類的合作相提並論。微軟執行長薩蒂亞・納德拉（Satya Nadella）在接受《金融時報》（*Financial Times*）採訪時，回顧那個年代，形容第一代語音助理「笨得像石頭」。[2]

同時，自2010年代以來，各種技術如雨後春筍般冒出。一個著名的例子是大型語言模型（LLM）中的「轉換器」（transformer）架構，它大幅增強機器理解和生成人類語言的方式。[3] 這項突破擴展機器的能力，為新一代AI虛擬助理鋪路，使之能自然順暢的進行人機對話。

### 生成式AI時代的觀點：機器是合作者

2022年11月，OpenAI的ChatGPT橫空出世。這是機器演化的轉折點，就此開啟人機合作新時代。[4] 過去，與AI助理溝通不像是跟人類對話，現在透過ChatGPT的對話介面，人類與機器的溝通變得更容易、流暢，也更像人類的對話。[5] 這一點改變遊戲規則。每個人突然都能成為程式設計師，即使沒有編寫程式的技能也辦得到。

像ChatGPT這種技術的新穎之處，在於能讓人透過

## 什麼是大型語言模型？

大型語言模型（Large Language Model, LLM）是一種能生成文本的 AI 基礎模型，經過訓練後，可以理解、生成、總結和翻譯人類語言和文本數據。OpenAI 的「生成式預訓練轉換器」（Generative Pre-trained Transformer, GPT）就是一種先進的 LLM。OpenAI 大受歡迎且知名的應用程式 ChatGPT，便提供一個介面供使用者得以利用這種 LLM。

LLM 的能力逐漸擴展，已經可以處理不同形式的輸入和輸出要素，如圖像和音訊。以 ChatGPT 為例，最初的設計是文本生成模型，後來又推出語言和圖像的新功能，能與使用者進行視覺、聽覺和語音的交流。＊

＊OpenAI, "ChatGPT Can Now See, Hear, and Speak," September 25, 2023, https://openai.com/index/chatgpt-can-now-see-hear-and-speak

簡單的語言，獲得真實的對話體驗。機器能理解和生成內容，流暢又老練的回答使用者的問題，就像真人對話一樣。因為ChatGPT操作簡單，人人都可上手，因而火速風行，推出不到兩個月，每月活躍用戶數已達一億。[6] 相形之下，根據市場情報公司Sensor Tower的統計數據，TikTok在全球推出約九個月才達到一億用戶，而Instagram則費時兩年半。[7]

第一代虛擬助理因為預設的回應模式而處處受限，不過到了ChatGPT等大型語言模型已經脫胎換骨，它們能靈活應變，處理各種問題、主題和格式（文字、圖像、音訊、程式碼等），而且能在一連串的對話中保持上下文連

**可供使用的生成式 AI 模型**
- 通用公共大型語言模型，如 OpenAI 的 ChatGPT、Google 的 Gemini、Anthropic 的 Claude、Mistral 的 LeChat 和 Meta 的 LLAMA2。這些模型的應用範圍很廣。

- 針對某項應用開發出來的公共生成式 AI 模型,如用於搜尋的 Perplexity.ai、用於圖像生成的 Adobe Firefly,以及用於影片生成的 OpenAI 的 Sora 或 Google 的 Veo。
- 針對某種業務需求而客製化的生成式 AI 模型。這些模型在調校之後,可使用公司的數據和獨有的知識資產進行訓練。
- 整合到套裝軟體中的模型,如 Microsoft 365 中的 Microsoft Copilot 和 Google Workspace 中的 Google Gemini。

請記住,不管選擇利用哪一種生成式 AI,始終都要遵守公司的法規、道德、網路安全和數據政策。

貫,回應後續問題,進一步提升使用者體驗。

生成式 AI 變得可以協助任何人處理各種事宜。雖然某些管理工作將永遠由人類執行,但有一些工作會由機器

代勞，大多數管理行為將會是人機結合的互動模式。這是重大的轉變，我們從未與科技如此共生合作。[8] AI 與人類不再涇渭分明。這種新型態的合作會立即影響工作的方式，對工作流程設計和組織結構也有長期影響。

下一章將探討你必須了解的兩種合作模式：一、讓生成式 AI 擔任你在工作上的**助理**；以及二、使生成式 AI 成為你的**協思夥伴**，與你進行有建設性的對話。

### 重點摘要

從古至今，機器以下列方式改變我們的工作方式：

- 傳統上，我們將機器視為工具，而非人類的合作者或思考夥伴。
- 第一代虛擬助理出現時，儘管對話能力相當有限，但傳統觀點開始出現改變。
- 生成式 AI 問世之後，機器不再只是工具，而是可以直接與人對話，亦是在人類的要求下執行各種工作的合作者。
- 我們必須學習如何要求生成式 AI 執行任務，並以近似人類的方式，使用自然語言進行對話。

## 第 2 章
# 是助理，
# 也是協思夥伴

我們可透過兩種主要模式與生成式 AI 合作，那就是**助理**和**協思夥伴**。

生成式 AI 擔任**助理**時，它是高效的合作夥伴，幫忙處理各種行政、溝通和營運事務。在適合與這些助理互動的任務中，我們只需要幫忙指引初始方向，再進行最終審查和驗證輸出結果。

如果生成式 AI 擔任**協思夥伴**，就能與我們對話、提出新觀點，質疑原本的假設或想法。適合由協思夥伴參與的任務，通常需要一些清楚的研究方法來指引，以及有條理的思考和反省；例如：權衡選項、評估風險或考慮不同

的觀點。

## 讓生成式 AI 成為助理

要利用生成式 AI，使它成為你的助理，必須把焦點放在執行面和提升生產力。

首先，必須要求生成式 AI 替你執行任務，你的指示就是所謂的「提示詞」（prompt）。「提示詞」是你輸入給 AI 的訊息，例如，「把這份常見問題清單轉換成十張投影片的簡報」、「歸納會議決定的待辦事項」或「撰寫三段文字，說明公司的永續經營策略」。在這些提示詞中，你必須提供清晰的指示和相關背景，就像面對人類的合作者。生成式 AI 會按照指示完成任務，然後由你檢查、驗證。

愈來愈多生成式 AI 的功能已整合到你每天可能會使用的軟體裡面。例如，用於 Office 的 Microsoft 365 Copilot、以及用於 Workspace 的 Google Gemini，你的 AI 助理可以執行更多種類的任務。這些任務通常只需點擊生成式 AI 自動建議的現成提示詞即可。以下是一些例子：

- 在 Microsoft Word 或 Google Docs 中,你可以要求生成式 AI 草擬、編輯一篇文章,或者從很長的文件中擷取重要資訊。
- 在 Microsoft PowerPoint 或 Google Slides 中,你可以要求生成式 AI 把文件轉換成投影片,利用現有的筆記或從頭開始建立新簡報,也可添加新的內容或投影片。
- 在 Microsoft Excel 或 Google Sheets 中,你可以要求生成式 AI 整理試算表、分析資料庫,並生成公式。
- 在 Microsoft Outlook 或 Google Gmail 中,你可以要求生成式 AI 在收件匣中快速尋找資訊、撰寫郵件、歸納郵件往反的內容。
- 在 Microsoft Teams 或 Google Meet 中,你可以要求生成式 AI 做筆記,提供想法、資訊或數據讓你參與討論,還可以做會議摘要。

雖然生成式 AI 可以做的事情愈來愈多,但它只是你的助理,你不能完全放手,把它當作自動駕駛。你自始至終都必須參與其中,在進行下一步之前,驗證輸出結果。

## 如何給生成式 AI 提示詞,讓它執行任務

　　對生成式 AI 下達執行任務的提示詞時,你的方法會影響產出的品質。你得了解生成式 AI 和人類一樣,必須給合作者正確的背景資訊和指示,才能把工作做好。以下是幾點注意事項:

- **精確提示,並提供背景脈絡**。如果你給的提示詞很模糊,像是「寫一封電子郵件」,就會產生籠統的結果和差強人意的回應。提示詞務求精確。先加入背景細節,然後請生成式 AI 評論或回答你的問題。*如果你能提供足夠的背景資訊、訂定清晰的目標,加上生成式 AI 應該使用的資訊來源清單,生成式 AI 的表現會更好。

- **指定輸出格式**。生成式 AI 有多種輸出型式,包括程式碼、文字、音訊、圖像和影片。給予清晰的指示後,可以指定你偏好的輸出格式。例如,與 [請自行指定主題] 相關;製作 [請自行指定一張表

格、一張清單、一個段落、一張圖像等]，並包含[請自行指定細節]……」。務必提供生成式 AI 參考點。

- **舉例說明**。想讓生成式 AI 表現得更好，提供範例很重要。「少量樣本提示」（few shots）就是很好的技巧，可提供幾個具體範例（通常是二至五個），以利 AI 理解任務，進而生成符合要求的輸出內容。\*\*

- **設定範圍**。告訴生成式 AI 工作範圍，可以節省時間，並且改善結果。比方你要請 AI 協助完成一份市場趨勢報告，事先訂立標準將有助於達成你想要的結果。與其要求 AI 概述亞洲再生能源市場的主要趨勢，可以指定 AI 聚焦在某個國家的太陽能和風力發電，例如：中國。如此一來，生成式 AI 更能提供精確且符合需求的分析。

- **向生成式 AI 求助**。在你碰到困難，或者不知道如何要求生成式 AI 執行任務的時候，只需這麼問：「我想要[……]，你能幫忙嗎？」或「我必須做

> [……]，請給我三個可以使用的提示詞。」生成式 AI 就能把你的意圖轉化為詳細的提示。
>
> ＊Pranab Islam et al.,"FinanceBench: A New Benchmark for Financial Question Answering," Cornell University working paper, November 20, 2023, https://arxiv.org/abs/2311.11944.
> ＊＊Tom B. Brown et al.,"Language Models Are Few-Shot Learners,"Cornell University working paper, May 28, 2020, https://arxiv.org/ abs/2005.14165.

過度依賴生成式 AI 一開始產出的東西可能會出錯，或有其他重大風險。AI 生成的內容可能缺乏業界需要的品質、準確性或可信度。例如，它可能憑空創造引用資料或來源（也就是「偽造」），或是產生聽起來頭頭是道、但其實並不正確的回應（也就是「幻覺」）。你必須遵守公司的法規、道德、網路安全和數據政策。請永遠記得要自行判斷、評估輸出結果。

## 讓生成式 AI 成為協思夥伴

當你把生成式 AI 當成協思夥伴的時候，焦點放在透過人機對話進行策略思考和解決問題。

AI身為協思夥伴，會與你進行深入的反思對話。這樣做可以幫你解決問題，或是成為更好的領導者，集思廣益，獲得創新構想。[1]

一開始，請想像你將與一個真實的人物進行對話，建立一連串你想探索的問題和主題。例如，可以請生成式AI扮演客戶的角色，幾天後你將跟它開一場重要會議。生成式AI會根據你提供的背景和細節，模擬客戶可能提出的問題，也可能質疑你提出的觀點，或是把你推出舒適圈。你可以請生成式AI指導你研究方法，與你討論潛在解決方案的利弊，幫助你和你的團隊挖掘根本原因。

協助思考，代表一段共同完成的過程，人類和AI會互動、交流，已經遠遠超過簡單的問答，也不只是按下按鈕獲得答案，而是雙方積極互動。在對話的每一個步驟，人類和AI都要提出想法，互相啟發，以對方的想法為基礎，提出新的見解（見表2-1）。

要讓生成式AI勝任協思夥伴的角色，必須針對你想要進行的對話類型和AI應扮演的角色提供明確指示，因為清晰的結構和流程才能確保對話聚焦，而且有成果，特

### 表 2-1　AI 與人類在合作對話中的角色

| AI 在對話中的貢獻 | 人類在對話中的貢獻 |
| --- | --- |
| 清晰表達、舉例說明、提供選項、扮演不同角色、提出建議、詳細闡述、分析利弊得失、提供不同視角、質疑人類的觀點…… | 提供背景脈絡、輸入資訊、界定標準、提供回饋、評論、增減選項或想法、選擇、挑選、驗證、做最後決定…… |

### 表 2-2　準備與協思夥伴對話的四個步驟

| 1 分派角色 | 2 界定場景 | 3 規劃對話大綱 | 4 建立提示詞 |
| --- | --- | --- | --- |
| ●請 AI 扮演……<br>●請幫我……<br>●這次對話的結果應該是…… | ●界定參與對話的人是誰<br>●對話形式是一對一、或一對多 | ●釐清對話順序<br>●AI 能提供什麼<br>●人類能帶來什麼 | 把規劃好的對話流程轉化為具體的提示文字 |

別是在內容很複雜的時候。要準備與生成式 AI 進行共同思考對話，必須採取以下四個步驟，接下來會逐一討論：

1. 分派角色。
2. 界定場景。

3. 規劃對話大綱。
4. 建立提示詞。

**分派角色**

　　你可以根據你想要討論的主題，指派生成式 AI 擔任某個角色，如團隊成員、導師，或是故意唱反調的人。在這個步驟，除了簡單告訴生成式 AI 它要扮演專家或教練，還需要詳細描述這個角色的個人資料，使 AI 融入這個角色，並知道在對話過程中應該遵循的方法。

　　為 AI 設定角色，就是根據目標和預期的結果指出該角色的明確身分。機器非常靈活，可以扮演各種角色，如虛擬工作坊的主持人或是永續發展專家。這有利於管理者把 AI 想像成知識豐富的夥伴，像是跟真人對話。如此一來可以促成思維模式的轉變，讓人類不只把 AI 當成工具，還是合作者。

**界定場景**

　　與生成式 AI 這個協思夥伴對話，不必局限於坐在辦

公桌前、面對筆電或手機螢幕與 AI 互動這樣的傳統場景。舉例來說，可以與生成式 AI 進行一對一談話，這樣做能獲得意見，促進自我反省。生成式 AI 不只是一對一的思考夥伴，還能參與管理者與其團隊進行一對多的對話。

**規劃對話大綱**

將生成式 AI 當作協思夥伴的成功關鍵，在於精心設計的互動流程和各方的和諧互補。這樣做可以確保你的優勢、知識和獨特見解能與 AI 有效結合和充分運用。如果順其自然，讓對話自由發展，很可能會偏離正確方向，創造出來的價值也不如預期。

協思對話要成功，必須為生成式 AI 規劃腳本，讓人類和機器扮演不同的角色，創造對話。我們首先要釐清自己的意圖，設想一連串的問題和陳述。成功的人機對話，可以依循下面四個原則：

- **建立有良好節奏的對話流程。**令人印象深刻的對話具有好的內容，也有情感互動。使用生成式 AI 作為思考夥伴

### 探索生成式 AI 協思模式的運作場景

- **一對一。**在這種典型場景中，你可以直接與生成式 AI 模型互動。這是一個私密環境，非常適合個人獨立進行的任務、自我反省或學習。
- **一對多。**在工作坊的情境中，生成式 AI 模型與一群人互動。生成式 AI 可以扮演多種角色，像是帶領討論的主持人、提出想法的團隊成員，或是提供專業知識、引導對話的專家。
- **多對多。**這個場景比較複雜，涉及多個生成式 AI 模型與一群人互動。例如，AI 與人類交換想法和回饋意見。
- **多對一。**在這種場景中，你與多個生成式 AI 模型互動。每一個模型專門負責不同角色或特定任務，你也可以利用這個情境設定，比較兩個生成式 AI 模型的表現。

時也是如此。雖然對話流程有清晰的步驟和指示，也應該包含能激發反思、溝通與深入闡述的元素。對話形式過於注重結構的話，可能會抑制情感互動，但結構過少則有可能分散注意力，甚至離題。

- **界定對話範圍**。在對話中為生成式 AI 設立規則和範圍。你要考慮加入限制條件，以確保 AI 不會偏離主題，而且使用正確的訊息來源。請控制流程讓 AI 依循預定的順序；例如，「在進行每一個步驟之前，請等我回饋後再進行下一步」。

- **採取不同視角**。生成式 AI 非常擅長扮演不同的角色，提供不同的觀點，也可以舉出相似的情況進行比較或提出見解。在對話過程中，你可以利用這種能力探索、討論主題的各個層面，考量自己可能疏忽的不同觀點。

- **鼓勵主動參與**。生成式 AI 應該鼓勵你回答問題、表達想法，不應該引導使用者簡單的回答「是」、「否」或「好，我同意」。請指示 AI 根據你的情況和經驗，來要求你提供回饋和具體範例。

**對話規劃範例：準備問答環節**

假設一名管理者為了一個重要報告的問答環節做準備：

- **步驟1**：生成式 AI 要求管理者提供這個問答環節的背景資訊，包括主題、主要訊息和聽眾組成。
- **步驟2**：生成式 AI 提出觀眾可能會詢問的十個難題。管理者給予回饋，並從中挑出最難的三個問題。
- **步驟3**：生成式 AI 為每個選定的問題提供參考答案。管理者檢視這些回應，確認這是公司希望傳達的訊息。
- **步驟4**：生成式 AI 與管理者進行模擬問答，幫助管理者練習回答及處理後續問題。

如果你在規劃對話時碰到困難，記得向生成式 AI 求助。你可以這樣說：「請建立一份對話引導大綱，內容是針對[請自行指定主題]，目的是[請自行指定目標]。請在每個步驟仔細說明你和我的角色。」

## 建立提示詞

提示詞是寫在生成式 AI 模型輸入框的實際文字。在建立提示詞時，你必須先想好大綱，再轉換成清晰、有條理的提示詞，讓 AI 能夠理解和執行。如果你是使用生成式 AI 的新手，或是不熟悉如何把想法轉換成提示詞，別擔心，你也可以請生成式 AI 協助。例如，「我已經擬好一段對話大綱，請幫我轉換成明確又有條理的 AI 提示詞，讓我可以直接執行：[請自行插入大綱]」。在探討人機協作的大多數章節裡，你都能找到與某個對話提示詞相關的網址，可以直接複製、貼到生成式 AI 模型中。

請記住，與生成式 AI 互動的方式很多，沒有哪一種方式才是正確的。如果結果不符合你的期望，可以調整提示詞；如果你有疑問，或想試試不同的提示詞，可以隨時

### 提示詞步驟分解的進階技巧

如果你想要透過人機對話來處理複雜議題,通常把提示詞分解成逐步的指引會有幫助。「思維鏈」(chain of thought)*的技巧可以幫你指導生成式AI模仿你的思路推理,一步一步完成整個過程,而不是直接跳到最終答案(例如,告訴AI「逐步進行」)。提示詞應該凸顯不同的步驟(例如,「首先,請做這個……然後做那個……」)。為了與生成式AI展開有意義的對話,你必須清楚說明你將在哪個階段做出回饋(例如,「在第X步驟之後等我評論」或「在進入下一個步驟前先徵求我的回饋」)。

＊Jason Wei et al., "Chain-of-Thought Prompting Elicits Reasoning in Large Language Models," Cornell University working paper, January 28, 2022, https://arxiv.org/abs/2201.11903.

向 AI 諮詢。AI 不但擅長一步步引導的進階提示,也能建議你的提示詞怎麼寫會更好。[2]

這是對人機共同思考概念的簡要概述,你可以大概了解如何成功規劃共同思考對話。在本書第二部到第五部,你會發現很多激發人機對話的靈感,不只涵蓋管理工作的諸多層面,從個人成長到團隊領導都適用。

### 助理與協思夥伴的主要區別

把生成式 AI 當成助理或協思夥伴,在三個層面上有顯著的差異:[3]

- **助理會「回答」問題,協思夥伴則會「與你對話」**。在使用生成式 AI 進行共同思考的過程中,機器可以透過一連串的引導式問題與你對話,增強你的批判性思考能力。問題通常是開放式的,會引發進一步的討論。例如,生成式 AI 可以扮演策略思考顧問,提出值得探討的問題,進而解決複雜的問題;它也可以詳細闡述你的答案,加入新想法,並引導你提出後續的問題。

- **助理為你執行任務，協思夥伴則會與你合作。**在助理模式下，你提供明確指示，例如，「請回覆這封電子郵件」，然後等 AI 幫你寫好。這是一個單向過程，你提出問題，AI 提供答案；反之，在協思夥伴模式下，你必須與機器積極來回互動。雙方自由的激盪想法，彼此回饋、互相挑戰，共同創造出結果。

- **助理會幫你快速完成工作，協思夥伴則會讓你停下來思考。**速度無疑是使用生成式 AI 作為助理的主要優勢。然而，當你需要好好思考時，速度可能適得其反，也就是「欲速則不達」。這就是為什麼在協思夥伴模式下，你應該要求生成式 AI 重視思考，而非求快。請生成式 AI 提出值得深思的問題，鼓勵你暫停，做些有助於深入分析的事情（如客戶訪談），或是在休息片刻後以新的視角重新開始對話。

助理和協思夥伴這兩種模式不會互相排斥，可單獨使用或按順序使用。

例如，你可以先思考問題要如何解決（讓生成式 AI

成為協思夥伴），接著製作對話備忘錄（讓生成式AI成為助理）。相反的，在準備會議時，你可以先讓生成式AI當助理，為你的報告擬定草稿；然後切換到協思夥伴模式，與生成式AI進行排練，模擬客戶提出的問題或可能出現的反對意見。在現實情況下，你負責的任務不是各自獨立的，而是彼此連動的一整套工作流程的一環。因此，根據你的工作流程，某些任務可能適合助理模式，其他任務則適合協思夥伴模式。

我們已經介紹與生成式AI互動的基本方法，接下來將討論你必須具備的思維模式，藉此善用生成式AI，提升工作效率。

## 重點摘要

- 生成式 AI 透過兩種主要互動模式協助完成各種任務，分別是助理模式和協思夥伴模式。
- 如果把 AI 當成助理，生成式 AI 會為你執行任務。
- 如果把 AI 當成協思夥伴，生成式 AI 會陪你一起的思考，能與你對話。

第 3 章
# 駕馭新的思維模式

你在日常工作開始使用生成式 AI，內心可能湧現各種情緒，包括興奮、好奇，甚至可能有一絲憂慮。有時感覺像是踏上一段未知的旅程，改變使你焦慮不安。但別擔心，這些感受都很正常。在過去的數位轉型中，你也可能有過類似感受。你的思維是每一次轉型的核心，影響你如何看待、接納並適應改變。就生成式 AI 的應用而言，採納正確的思維可以讓你更有信心和責任感進行更多的探索和實驗。

**建構管理者的思維模式**

我們先來看生成式 AI 轉型的特點，以及它會如何影

響管理者的思維模式：

- **生成式 AI 會與你對話**。這是人類史上第一次不必寫程式就能與機器進行有意義的對話。你可以用簡單的自然語言（全球數十種語言）來跟機器溝通。雙向語音交流的功能使這樣的體驗更加輕鬆、順暢。這種對話的特性讓生成式 AI 特別平易近人、易於使用，就像在與一位知識豐富的夥伴交談，而不是在跟機器互動。此外，機器可以扮演各種不同的角色，切換不同的語氣，貼近人類的互動風格。你必須根據你指定生成式 AI 扮演的角色調整自己的思維。如果你要它扮演挑戰者的角色，就必須根據它的回饋進一步建構個人想法，分享實例和背景細節，並討論它提出的其他觀點。你在對話中帶入愈多的背景脈絡、倫理思辨和判斷，產出的品質就會愈好。
- **生成式 AI 演化的速度很快**。生成式 AI 拒絕停滯不前，一直以驚人的速度演化、進步。例如，在 OpenAI 的 ChatGPT 問世的一年內，生成式 AI 技術突飛猛進，其他公司也推出新的生成式 AI 聊天機器人模型，而且加

### 如何掌握生成式 AI 的最新趨勢

- 嘗試新的 AI 模型和功能。
- 鼓勵團隊在工作中使用生成式 AI 進行實驗,並且回饋學習心得和質疑結果。
- 參加生成式 AI 相關的社群平台群組和專業交流平台。參與討論,發表提問,並與該領域的專家分享見解。
- 積極參與內部社群,與社群成員討論新工具和新應用。
- 注意頂尖 AI 專家和走在生成式 AI 尖端的公司。
- 閱讀最新報告,包括研究報告。尋求參與學術研究計畫的機會。
- 參加網路研討會、收聽 podcast,也可直接向 AI 詢問最新的 AI 趨勢。
- 考慮請人指導,或是向經驗豐富的專業人士學習。

入新功能（主要是文字、語音、圖像和影片的整合），出現各種新服務（如提供各種客製化聊天機器人的 GPT 商店）和新產品（如能夠自主執行任務的 AI 代理〔AI agents〕＊）。在這個演進飛快的環境中，我們必須與時俱進，了解生成式 AI 不斷擴展的能力和應用方法。你必須理解基本變化和演化方向，進而預測和解讀趨勢。這需要強烈好奇心和大量閱讀，配合實際操作的經驗，才能更理解這項技術可能應用在哪些方面以及目前的限制。

- **生成式 AI 會「產生幻覺」**。像計算機這樣的工具，總是提供準確的結果，但生成式 AI 模型不然，因為這種模型基於統計方法，即使面對完全相同的問題，也可能給出不同的答案。這使得生成式 AI 有時容易出錯，或產生不實內容。要充分利用生成式 AI，同時避免這些陷阱，

---

＊編注：能夠獨立執行任務的自主系統或程式。只要人類下達指令，AI 就可以理解狀況，解讀提示詞內容；若提示詞本身複雜度高，還能夠拆解任務，制定計畫與行動方案，然後著手處理。

### 人機合作必須閃避的陷阱

**1. 信任陷阱：過度依賴生成式AI可能導致自滿**

- 我們會因為懶惰，或認為 AI 的回應乍看之下已經夠好，而過度信任 AI，沒有發揮判斷力。少了主動參與和批判思考，可能會讓你出錯、疏忽或誤解。
- 使用者應該要求 AI 說明得更清楚一點，也可以要求提出反對意見並指出弱點，來積極探究AI的推理是否恰當。

**2. 捏造陷阱：生成式AI可能捏造事實和來源，讓你信以為真**

- 如果落入這個陷阱，就會全盤接受生成式 AI 告訴我們的答案，認為這就是事實，不加質疑。很多人甚至不知道 AI 會捏造事實。語言模型的權威語氣會進一步助長這個風險。
- 使用者應該利用可靠來源的既定事實來驗證AI的陳述，也必須諮詢專家，特別是遇到不熟悉的主題。

3. **從眾陷阱：如果過於順從生成式 AI，可能會讓你的多元思考受限**
   - 在這個陷阱中，我們不會根據情境和需求的不同來調整 AI 的建議，你得到的只是泛論，缺乏多樣性和原創性。
   - 使用者應該主動提供情境脈絡給 AI（例如：公司的價值觀、獨特的價值定位、品牌等），並要求 AI 在創造的過程中視其為指導方針。此外，使用者也應該鼓勵 AI 橫向思考，避免過於老套的想法。

4. **速度陷阱：生成式 AI 執行速度很快，讓你容易不經思考，倉促行事**
   - 在這個陷阱中，你會急著打字、點擊，進行下一步。
   - 使用者應該放慢腳步，進行批判性思考，積極參與對話，好好表達自己的觀點和反對意見。

5. **孤狼陷阱：生成式 AI 限於個人使用，沒有開放給**

> **團隊共同合作**
> - 在這個陷阱中,一個人獨自使用生成式 AI 的工具,沒有主動與團隊成員互動、合作。這樣可能減少團隊內部的人際溝通和知識分享,造成各自為政,缺乏多元視角。
> - 使用者不要一直單獨跟 AI 互動,有時必須暫停,與團隊成員面對面交流,讓其他同事參與 AI 的輔助過程,尋求回饋,整合不同的觀點,鼓勵同儕學習。

你需要有截然不同的思維,充分了解 AI 不會百分之百準確。為了避免誤信的風險,必須保持警覺和建立健全的防護機制。使用生成式 AI,要考慮意外的後果、風險和偏見等問題。

開始使用生成式 AI 時,你可能因為擔心幻覺、帶有偏見的回應和錯誤資訊等潛在陷阱,感到四處受限。然

而，千萬不要讓這些顧慮阻撓你的探索和實驗。唯有透過親身經驗，你才能深入了解如何有自信的善加運用生成式AI的功能，確保它能對你和組織帶來助益。

## 面對大環境變革的思維模式

以下指導原則可以幫你以正確的思考方式來因應大環境的變革：

- **採取與人對話的方式**。像與人交談一樣對待生成式AI，而不只是被動接收資訊。這樣做有助於AI了解你的要求；例如，要讓AI執行任務，必須提供清晰指示和情境脈絡，就像你和他人合作。如果你希望生成式AI成為你的思考夥伴，對話方法更為重要。如果不進一步提問、分享個人經歷和質疑AI的觀點，就別期待獲得適切的建議，以及特別為你量身打造的回答。你的大腦可能會抗拒這種互動，畢竟AI不是人類，即使生成式AI給你的印象很像人類。

- **經常測試和分享**。隨著科技飛快進步，嘗試不同的生成

### 如何與 AI 交談

- **禮貌**。使用客氣、有禮貌的用語,如「請」、「謝謝」等字詞表達感謝之意。雖然生成式 AI 沒有感覺或情緒,但表達謝意對你的思考方式有正面影響,而且可以讓大腦維持在與人類對話的模式。

- **靈活**。根據期望 AI 扮演的角色調整語氣和風格。透過模仿人際互動有效的溝通策略,對話會變得更像人類之間的交談。

- **清晰**。與生成式 AI 溝通時要提出明確的問題,就像跟人對話一樣,還要給予完整的指示。花點時間組織完整的句子,確保機器了解你輸入的內容。

- **耐心**。使用生成式 AI 時,可能無法一次就得到想要的答案,這時可以用另一種方式表達措辭或是釐清問題。

- **聚焦**。好的對話會聚焦在主題上,最後達成明確的結果。與 AI 交談時避免偏離主題,在不相關的主題間跳躍。如果你覺得已有滿意的結論,就告知

AI，宣告對話結束，說再見並且道謝。

- **激勵**。用具體的提示詞鼓勵 AI，它會表現得更好。例如，你可以說「這對我的工作很重要」、「這對我做決策非常關鍵」，或是「你做得到。我相信你」。

- **主動求助**。每次被卡住，或是不知道該如何使用生成式 AI 時，可回頭求助於 AI。你可以說「告訴我該怎麼做 [……]？」或「我試過 [……]，想要達成 [……]，但是效果不好。請告訴我怎麼做會比較好」。

式 AI 模型，才能了解它能為你、你的團隊和公司帶來什麼。這種學習無法委託他人代理。親自測試才能得知各種生成式 AI 的功能、限制、有效的使用技巧、風險、以及因應問題的補救措施。你應該抱持學習心態，詢問：「如果……會怎樣？」這樣做可以幫你獲得最大效益。更重要的是，在團隊中培養這種親自探索的思維，鼓勵

團隊成員動手實驗,幫助他人使用生成式 AI。你可以說明自主規劃學習的價值,營造一個讓大家都能分享創新實踐和學習成果的環境。[1]

> **培養使用生成式 AI 的習慣**
>
> - **優先想到生成式 AI**。一開始你可能不會自然而然的想要使用生成式 AI。不妨在筆記型電腦上貼張便利貼,寫上類似「你問過 AI 嗎?」或是「生成式 AI 會使用不同方法嗎?」等問題。這樣的提醒很有效果。
>
> - **鼓勵團隊使用**。身為管理者,除了依照慣例,也要促使團隊使用生成式 AI。不斷詢問:「你使用過聊天機器人嗎?」這也是一個推廣使用生成式 AI 的好方法。
>
> - **多方嘗試**。嘗試多個模型,看哪一個模型最符合你的需求和任務。有些模型可能對摘錄長篇文件在行,其他模型可能更適合搜尋或撰寫行銷素材等任

> 務。此外，各模型的表現不盡相同；即使是同一個模型，也會因版本而出現差異。不同模型也許需要不同的提示詞技巧，因此多方嘗試非常重要。嘗試不同模型才能更靈活運用，不要只用某一個模型或版本。再者，你可以用相同的提示詞在不同模型間切換或比較不同模型的表現，這樣或許有助於提升輸出品質。

- **負責**。若無安全防護措施，也沒有負責任的心態，在這種情況下使用生成式 AI 會有風險，而且可能造成危害。雖然大型語言模型開發者不斷透過預訓練和調整來改進生成式 AI，但最終責任仍在使用者身上。如果你是領導者，必須先負責了解公司政策和當地法律，並且使團隊成員也了解有哪些潛在風險。你的角色是在討論可以做什麼和不能做什麼的時候取得適當平衡，以免扼殺團隊的創新潛力。你可以模擬真實情境，讓團隊知道使用生成式 AI 的風險，同時明確表示生成式 AI 應該是用來

強化人類判斷力,而非取而代之。大家必須共同負起責任。

> **生成式 AI 時代面臨的風險**
>
> 　　如果你是管理者,行為舉止合乎道德規範且具有風險意識是主要職責之一。這是你對公司、股東以及部屬的責任。在生成式 AI 牽涉許多倫理的複雜情況中,你必須遵循公司政策並提高警覺。生成式 AI 的風險是真實存在的,而且沒有快速的解決方案。以下是你和團隊應該考慮的風險:
>
> - **隱私與資料保護**。將個人資料或公司機密資訊輸入公開的生成式 AI 模型,可能導致資料外洩或遭到濫用。這種資料可能被用於進一步訓練模型,而且可能讓其他使用者得知你的資料。*即使是看似匿名的資料也存在風險,因為生成式 AI 可以解除匿名,重新識別個人身分,破壞原本的隱私保護。

- **智慧財產權的侵犯**。由於當前的基礎生成式 AI 模型通常使用大量公開資料進行訓練，可能會輸出含有版權的資料。
- **偏見與公平性**。生成式 AI 模型會反映訓練資料中存在的偏見，導致社會歧視（針對性別或族裔，或對特定人群歧視），以及對產品的偏見。
- **環境永續**。生成式 AI 模型的初始訓練和操作如果需要大量運算資源，可能會產生不小的碳排放。為了因應這個挑戰，如果大型模型不能帶來明顯的價值，不如用其他有節能效果的計算模型替代。＊＊

＊Glenn Cohen, Theodoros Evgeniou, and Martin Husovec, "Navigating the New Risks and Regulatory Challenges of GenAI," hbr.org, November 20, 2023, https://hbr.org/2023/11/navigating-the-new-risks-and -regulatory-challenges-of-genai.

＊＊Ajay Kumar and Tom Davenport, "How to Make Generative AI Greener," hbr.org, July 20, 2023, https://hbr.org/2023/07/how-to-make-generative-ai-greener.

具備使用生成式 AI 的新思維之後，就能開始探索如何利用這種工具幫你完成日常工作，無論把它當作助理或協思夥伴。下一章將列出三十五項可透過生成式 AI 來改善的常見職場任務，每一項本書都會詳細介紹。

## 重點摘要

在生成式 AI 時代掌握優勢，我們應該採用具有下面三個特點的新思維：

- **對話**。主動與生成式 AI 進行有條理的對話。
- **測試**。不要只是被動吸收，透過自動學習來熟悉生成式 AI，在未來才保有競爭力。
- **負責**。以身作則，在團隊中倡導道德、判斷力及風險意識兼具的行為。

第 4 章
# 35 項職場任務的改善方法

在前幾章,你已經了解生成式 AI 可以擔任助理或協思夥伴的角色,差別在於你希望完成什麼樣的任務。你也了解這兩種互動模式的主要差異,以及如何採用正確的思維來利用生成式 AI。

有了這個基礎,本書其餘部分將探討可透過生成式 AI 優化的三十五項常見職場任務(表4-1)。這些任務分為四大類,對應本書第 2 部至第 5 部:自我管理、團隊管理、企業管理、變革管理。三十五項任務中,有一半是把生成式 AI 當成助理,另一半則是讓生成式 AI 擔任協思夥伴的角色。

儘管三十五項任務涵蓋工作中常遇到的各種事項和職

責，但還是有可能遺漏。隨著技術進一步發展，將會衍生出更多用途。本書探討的任務適用於一般領域，而非針對特定領域。無論你擔任什麼角色，從創意工作者到技術人員都能立即開始嘗試。

為了認識生成式 AI 能在你的職業生涯創造哪些價值，以下將提供建議和範例。對於每一項任務，你都可以練習使用生成式 AI，從「試試看」的要訣或「對話大綱」獲取靈感。你可以把這些要訣和提示詞輸入你的 AI 系統，或根據你的需求和情境量身打造。如果你的初始提示詞未能產生理想的結果，可以嘗試使用其他措辭，看是否觸發更好的回應。我們會在書中一再提醒，你可以直接詢問生成式 AI 最好的提示詞為何。現在，你已經讀完第 1 部，接下來可以逐章閱讀，或者從最符合目前優先處理事項的任務開始閱讀。正如我們不斷強調的，你可以隨時把書放下，構思一個提示詞，看生成式 AI 如何幫忙完成任務。所以，請翻到下一頁或跳到後面章節，馬上開始體驗生成式 AI。

## 表 4-1　三十五項可透過生成式 AI 改善的職場任務

| | 助理 | 協思夥伴 |
|---|---|---|
| 第 2 部：<br>自我管理 | **個人生產力**<br>● 電子郵件管理<br>● 時間管理<br>● 摘要整理<br><br>**內容生成**<br>● 撰寫文稿<br>● 投影片製作 | **自我成長**<br>● 反省領導風格<br>● 尋求回饋<br><br>**說服與溝通**<br>● 演講準備<br>● 面試準備 |
| 第 3 部：<br>團隊管理 | **支援團隊運作**<br>● 會議管理<br>● 設定目標與清楚闡述<br>● 規劃任務與完整報告<br><br>**激發集體創意**<br>● 團隊組成<br>● 創意發想 | **領導團隊**<br>● 訂立團隊目標<br>● 設計高品質的工作內容<br>● 解決衝突<br><br>**解決共同的問題**<br>● 釐清問題方向<br>● 找出根本原因<br>● 問題情境描述 |
| 第 4 部：<br>企業管理 | **數據分析**<br>● 資訊搜尋<br>● 數據分析與視覺化<br><br>**客戶洞察**<br>● 研究設計與分析<br>● 合成研究 | **研擬商業方案**<br>● 了解利害關係人的看法<br>● 權衡利弊<br>● 識別與降低風險<br><br>**執行重要決策**<br>● 制定商業策略<br>● 評估創新構想<br>● 評估供應鏈策略 |
| 第 5 部：<br>變革管理 | **轉型支援**<br>● 規劃與追蹤變革計畫<br>● 增進溝通與互動 | **領導變革**<br>● 定義轉型策略<br>● 克服阻力<br>● 加速思維轉型 |

# 第 2 部

# 自我管理

生成式 AI 可以成為你的助理與協思夥伴,提升工作生產力,也可以加強自我反思與行動力。
若能靈活切換 AI 的角色,更能強化個人的整體工作表現。

第 5 章
# 日常工作如何優化

　　每天你需要同時應付很多不同的任務。有時，你可能感覺責任繁重，讓你分身乏術、忙得團團轉。如果把生成式 AI 應用到這些任務，能幫你把工作安排得更有條理，提升效率。隨著你的生產力增加，就能把更多時間和精力放在個人和生涯發展上，最終成為更好的領導者。

　　生成式 AI 擔任你的助理時，在自我管理方面可以協助提升個人生產力。

　　本章的應用範圍包括時間管理（特別是行事曆安排）、郵件的分類與草擬、長篇文件摘要，以及內容製作（包括文字、圖像、影片或音訊）。對於這類任務，我們必須做的包括輸入、改進和驗證輸出結果。以會議紀錄

### 表 5-1　透過生成式 AI 優化自我管理任務

|  | 助理 | 協思夥伴 |
|---|---|---|
| 自我管理 | 個人生產力<br>● 電子郵件管理<br>● 時間管理<br>● 摘要整理<br><br>內容生成<br>● 撰寫文稿<br>● 投影片製作 | 自我成長<br>● 反省領導風格<br>● 尋求回饋<br><br>說服與溝通<br>● 演講準備<br>● 面試準備 |

為例，生成式 AI 這個助理會幫你撰寫初稿，但你應該檢查，確保所有的待辦事項和後續步驟已經準確寫上去。讓生成式 AI 這個助理幫忙執行這些任務的主要優勢通常在於「速度很快」。

如果把生成式 AI 當成協思夥伴，就個人成長而言，它會引導你深入思考個人領導風格和行為，如何主動尋求回饋，持續自我提升。就生涯發展而言，它會讓你成為有效的溝通者，從演講到求職面試準備都能提供協助。整體來說，使生成式 AI 擔任這些任務的協思夥伴具有兩大優勢：一是提供有系統的引導，二是有條理的整理與反省自

己的想法。

執行某些任務時，你可能需要在兩種模式之間切換才能順利完成：你可以將生成式AI當作協思夥伴，幫你撰寫一篇引人入勝的演講稿，等你對主要敘述和要旨感到滿意之後，可以再讓生成式AI擔任助理，幫你製作演講投影片。反之，你也可以把生成式AI當成助理，幫你草擬求職信，再請它扮演協思夥伴的角色，根據履歷表和求職信來模擬面試問答，為可能會出現的問題做準備。

在這部分的前面章節，你會學到如何使用生成式AI做助理，提升個人生產力（第6章）和內容生成（第7章），包括你可以嘗試的具體範例。在後面的章節，你可以學習如何利用生成式AI當作協思夥伴，推動自我成長（第8章），以及進行說服與溝通（第9章），內容涵蓋建立對話大綱的說明，以及與生成式AI進行深度對話的提示詞。

## 重點摘要

生成式 AI 可以協助你進行各種自我管理任務：

- 為了加速完成任務，提升個人生產力，你可以把生成式 AI 當成助理來執行例行性任務，例如：管理電子郵件或做文件摘要。
- 為了深度自我反省和思考，你可以讓生成式 AI 成為協思夥伴，幫你檢視收到的回饋、分析需要改進的地方，並且根據這些發現採取行動，促進個人成長。
- 某些任務可能需要在助理與協思夥伴兩種模式之間切換。你可以先把生成式 AI 當成高效合作者（助理），然後讓它擔任思考夥伴（協思夥伴）；反之亦然。

## 第 6 章
# 個人生產力

　　本章涵蓋自我管理的三項任務,並使用生成式 AI 作為助理。分別是:**電子郵件管理、時間管理**以及**摘要整理**。

　　如果 AI 能代勞,讓你從這些耗時、繁瑣的任務中獲得解放,把精力放在更有意義的工作上,將提升個人工作動力和生產力。

## 電子郵件管理

　　雖然電子郵件是重要的溝通工具,但也可能變成管理的泥沼。冗長的電子郵件串,比方針對一個主題來來回回討論的電子郵件,可能必須耗費大量時間來瀏覽。如果想

尋找特定資訊，參與者必須過濾眾多回覆、轉寄郵件和引用文字。這個過程會浪費寶貴時間，降低生產力。此外，這些郵件串還可能造成資訊超載，使人難以辨識重點或優先處理事項，導致決策疲勞，增加出錯或疏忽的可能性。

電子郵件內建的生成式 AI 模型（例如：Gmail 內建的 Google Gemini、或 Outlook 的 Microsoft Copilot）都能幫忙有效管理收件匣。AI 可以為你的郵件串做摘要，擷取重要訊息，能掃描郵件串，找出重點，也可在郵件頂端生成摘要，包括把引用的部分加上編號，連結到相對應的郵件。

此外，生成式 AI 可用不同的語氣和風格幫你草擬郵件，無論是新郵件還是後續回覆。你也可以請 AI 幫你修潤，使訊息變得更清晰、簡潔。**你可以輸入以下提示詞，要求生成式 AI 幫你做這些事：**

- 「精簡句子，刪除不必要的資訊，同時保留核心訊息。」
- 「簡化所有可能會令人困惑的專業術語。」

〔實戰案例〕生成式 AI 是你的助理
## 改善電子郵件寫作

許多人的電子郵件匣亂七八糟、沒有條理，比如法蘭克，他是一家大型科技公司的年輕中階主管。有人說他的電子郵件常常寫得不清不楚，充滿晦澀難懂的縮寫和專業術語，令人困惑且難以理解。

請生成式 AI 當助理之後，法蘭克的電子郵件寫作大有改善。他要求生成式 AI 分析他的初稿是否容易閱讀，請 AI 建議他如何用更簡明的語言來表達，避免艱澀的專業術語，同時保持精確；他也請 AI 把內文改得更簡潔。為了向非技術部門的人員闡明重要訊息，也要求生成式 AI 從特定讀者的角度給他建議，例如：財務部門的同事。

生成式 AI 漸漸成為法蘭克的電子郵件教練，幫他在處理複雜的電子郵件時，更有邏輯的組織思路，擬定引人矚目的標題，並將技術概念解釋得更簡單。

- 「釐清可能不清楚或容易產生誤解的地方。」
- 「重新修改措辭，讓行動號召更直接、有力。」
- 「檢查郵件內容是否含有任何可能帶有偏見的語言或觀點，確保訊息表現出對收件人的尊重。」
- 「確保邏輯清晰，轉折順暢，前後文的脈絡連貫。」
- 「填補論證中任何可能因為寫得不夠完整而讓人感到困惑的漏洞。」

### 時間管理

如果你是管理者，工作量可能相當繁重，需要有效安排事情的優先順序，卻經常被干擾或是遇到突發事件。面對接連不斷的溝通、會議和職責，有效管理時間變得非常重要。

整合到電子郵件和團隊合作應用程式的生成式 AI 模型（例如：Teams 內建的 Microsoft Copilot、或 Google Meet 內建的 Google Gemini）可以透過很多方式，幫你有效管理時間：

- **預覽一週行事曆**。要求生成式 AI 顯示所有的工作和排定的時間；例如，「在接下來的三天我有什麼計畫？請給我一份詳細清單」。生成式 AI 還可以為你的行事曆分類，比如個人任務、一對一會議、工作會議、工作坊、活動和私人時間等。

    👉 **試試看**：要求生成式 AI 製作一個表格，把本週會議按照[請自行指定類別]分類。

    👉 **試試看**：要求生成式 AI 分析你的每週待辦事項清單，根據你指定的緊急程度和重要性對任務進行排序和摘要。

    👉 **試試看**：要求生成式 AI 從電子郵件信箱找出標記為「緊急」的待處理會議邀請，並依照截止日期列出清單。

- **安排任務優先順序**。要求生成式 AI 根據你的待辦事項清單和排定時間提出建議；例如，「關於季度業務審查，根據先前的電子郵件[請自行指定郵件]，建議與[請自行指定對象]安排協調會議」。生成式 AI 還可以根據任

務的優先順序,建議更改日程安排。

- **會議準備**。要求生成式 AI 從最近往來的電子郵件、聊天紀錄、筆記或文件檢索相關資訊,為通話、活動、會議或工作坊做準備。
    - ☞ **試試看**:請生成式 AI 列出你在之前的會議或郵件中同意的執行項目,並根據你提供的議程說明你在即將舉行的會議中預計扮演的角色。
    - ☞ **試試看**:請生成式 AI 就即將在工作坊與[請自行指定對象]討論的新產品功能,生成五個討論要點。請把焦點放在[請自行指定文件]。

- **代表你參加會議**。如果無法參加某個線上會議,生成式 AI 可以幫你歸納會議內容;例如,「如果講者有分享文件,請簡單概述內容」。並且告訴你會議的討論重點和執行項目;例如,「後續步驟是否指派給我負責?期限

是什麼時候」。生成式AI可以代替你參加會議、轉錄會議內容或分析會議紀錄（錄音或錄影）。

👉 **試試看**：請生成式AI就[請自行指定主題]找出你必須追蹤的問題或討論。

## 摘要整理

如果每天都被大量來自電子郵件、簡報、冗長文件和報告的資訊淹沒，要看完這些內容並歸納重點便是一大挑戰。

生成式AI可以幫忙總結和解讀資訊，靈活處理不同類型的輸入，並且輸出你要的東西；例如，可能有不同的風格和格式的摘要，像是表格、條列事項、執行摘要、簡短備忘錄等。假設你需要在半小時內審閱一份三十頁的文件。由於時間不夠，你幾乎只能閱讀執行摘要和第一部分。然而，你擔心可能會錯過一些重點，無法做出合理建議。你可以要求生成式AI摘要這份文件，建立要點清單，並注明每個要點來自哪個章節或哪一頁。

👉 **試試看**：請生成式AI為即將舉行的活動報告

[請自行指定報告]撰寫摘要。摘要應凸顯這份報告的重要觀察,而且不超過四段。

👉 **試試看**:請生成式 AI 比較同個主題的兩篇文章,簡要列出文章一[請自行指定文章]與文章二[請自行指定文章]的差異和共同點。

〔實戰案例〕生成式 AI 是你的助理
**摘要整理的進階技巧**

對於冗長、複雜的文件,可利用進階的提示技巧,讓生成式AI幫忙做摘要整理。其中之一是「密度鏈」(chain of density)。這個做法能建立一連串包含愈來愈多細節的摘要。*密度鏈透過反覆進行、逐步補充內容來完成,把原始文件前一版摘要未涵蓋的重要細節逐步納入。雖然摘要的資訊密度增加,依然能保持簡潔,維持相同的長度。

舉例來說,胡安身為中階主管,必須對一篇關於公司業績的長篇商業報告做摘要整理。胡安在密度鏈

技巧的啟發下，設計一串連續提示詞，以利生成更簡潔和資訊密度更高的摘要：

👉 **試試看：基本摘要**。胡安請生成式 AI「以不超過四句話提供第一季度銷售報告的簡明摘要，把重點放在整體表現上」。

👉 **試試看：紮實、詳細的摘要**。胡安請生成式 AI「撰寫一個更緊湊的新摘要，補充先前摘要中缺少的相關資訊，文章長度要相同，避免冗長語句」。

胡安重複第二個提示數次，進而生成更精簡但資訊豐富的摘要。

應用這個技巧時，必須指定下列條件：

- **摘要長度**。指定句子的數量。
- **資訊深度**。從廣泛的概述開始，逐漸要求包含更多在先前摘要中未提及的具體細節。
- **準確性**。要求生成式 AI 使用準確的資訊。換句話

說，要以原始報告做為依據。

- **篇幅限制**。不同的生成式 AI 模型輸入框（輸入問題或命令的區域）能插入的文字長度可能有所不同。如果長篇文件需要做摘要整理，可在限制範圍內分成若干個段落上傳。

\* Griffin Adams et al., "From Sparse to Dense: GPT-4 Summarization with Chain of Density Prompting," Cornell University working paper, September 8, 2023, https://arxiv.org/abs/2309.04269.

讓生成式 AI 做助理，可以簡化工作流程，提升個人生產力。但請記住，AI 生成的內容不一定準確，甚至可能會誤導人，或是創造完全虛構的資訊。你必須仔細審查輸出內容，進行必要的人工監督，特別是溝通內容比較複雜或敏感的時候。

下列問題可以幫忙檢查 AI 生成的摘要和簡報。雖然我們建議你親自回答每一個問題，但你也可以讓生成式 AI 參與討論，思考以下問題：

- 摘要的語氣是否適合預期受眾和目的？
- 是否有任何詞語可能被誤解或誤讀？
- 生成的內容是否考量文化敏感度和語境的細微差異？
- 內容是否無意間助長刻板印象或不良觀念？

本章描述生成式 AI 成為助理的時候，將如何提升個人生產力，協助處理電子郵件和時間管理等任務。在下一章，我們將探討如何利用生成式 AI 來創造內容。

**重點摘要**

將生成式 AI 當作個人生產力的輔助工具，可以幫忙：

- 分類、草擬、組織電子郵件。
- 有效管理時間。
- 文件或報告的摘要整理。

# 第 7 章
# 內容生成

本章涵蓋自我管理的兩項任務,並使用生成式 AI 作為助理。分別是:**撰寫文稿**以及**製作投影片**。

生成式 AI 可以創造文字和圖像,向目標受眾傳達資訊或訊息,也能幫忙打草稿和編輯。只要正確輸入資訊,加上適當的修改,在你的監督之下,生成式 AI 可以在更短的時間內提供更高品質的輸出結果。

**撰寫文稿**

工作時,你經常需要寫作,像是撰寫給客戶的提案、給高層主管的備忘錄,或是給利害關係人的報告。但是你如何確定寫出來的文字不但能傳達訊息,還能引發想要的

回應？生成式 AI 可以幫你提升商業寫作的成效。你把它當成助理，它可以分析你的文字、校對文法和錯誤用詞，並且針對結構、清晰度、語氣、簡潔度和受眾反應，提供即時建議。它也可以把你的筆記組織得更有條理，為你撰寫初稿，你可以反覆修改和優化。總而言之，它可以幫助你：

- **創造結構**：要求生成式 AI 組織你的想法，建立清晰、合乎邏輯的敘事脈絡，提出可能沒想到的相關子題。你要具體說明想要的格式，如條列式或表格，幫助生成式 AI 了解如何為你建立大綱。
- **撰寫草稿**。你可以要求生成式 AI 把大綱擴展成完整的文章。如果是從頭開始的話，生成式 AI 可以幫你克服不知從何寫起的「空白頁症候群」。提供範例或片語幫助它生成更貼切的內容；例如，「請根據我的筆記，為客戶起草新的商業提案。提案結構和專業語氣應參照我先前為同一客戶寫的提案[請自行分享、連結或上傳]」。若你碰到瓶頸，也可詢問生成式 AI；例如，「請幫我重寫

> **從點子到細部架構**
>
> 　　為確保生成式 AI 產出想要的寫作類型，請注意以下幾點：
>
> - **背景**。描述文章的目的、格式和受眾。附上你的筆記；如果沒有，盡可能具體列出初步想法。
> - **組織**。要求生成式 AI 條列、組織你的想法或筆記。
> - **闡述**。要求生成式 AI 詳細解釋你的想法，並為每個段落補充二至三句內容，建議其他可能值得你考慮的元素。
> - **驗證**。要求 AI 檢視建議大綱，並可修改或更正。

這句話，並提供三個不同的版本讓我選擇」。

👉 **試試看**：要求生成式 AI 提供具體的範例，說明如何改進你的文章，以利主管審閱。

☞ **試試看**：用更簡潔有力的開場白取代以下兩句話[請自行指定句子]。

- **找到適當的語氣**。要求生成式 AI 指出語氣可能與你要傳達的訊息或受眾特徵有衝突的地方。生成式 AI 可以就不同的語氣（正式、非正式、說服或提供資訊）給予建議，根據你的需求來調整。

  ☞ **試試看**：要求生成式 AI 檢查某個段落中語氣不一致的地方。

  ☞ **試試看**：要求生成式 AI 重寫該段，用平易近人的語氣提供五種不同的版本。

- **為你的受眾客製化內容**。要求生成式 AI 為特定受眾量身打造訊息內容。生成式 AI 會考量不同群體的角度來微調語言、內容和範例。一旦定稿，生成式 AI 還可以幫忙翻譯成不同的語言。

  ☞ **試試看**：要求生成式 AI 撰寫一條對同事[請自行指定對象]有實質幫助的回饋意見，為未

## 避免機械化的表達，展現真實的個人風格

生成式 AI 會協助你創作，但不是取代你。你應該不希望同事、團隊成員或客戶問下面這個尷尬的問題：「這是生成式 AI 寫的嗎？」因此，你可以：

- **展現你的風格。**可以摘錄一段你寫的文章，描述你一貫的風格與獨特之處，確保 AI 生成的內容表現出你的個人語氣和文風。
- **分享個人見解。**添加個人風格。使用真實的例子、個人軼事、或是反映個人獨特觀點的見解。也可以讓文章呈現個人特質（如幽默），如此一來能加強與受眾的連結，使溝通更加自然真摯。
- **去除過度誇張的生成式 AI 語言。**AI 常會寫出冗長、囉嗦的句子。為了維持內容的真實性，而且讓文字能反映個人特色，請刪除不符合你的習慣或不自然的用字遣詞。
- **尋求回饋意見。**如果是重要文件，你可能希望同事

> 或團隊成員就 AI 生成的草稿提供意見，幫忙確認內容是否真實，語氣是否真誠、自然。

來專案的合作打好基礎。回饋應具體指出[請自行指定領域]要怎麼改進。

👉 試試看：要求生成式 AI 撰寫一段吸引人的文字，說明使用公司新工具[請自行指定工具]對員工的好處。

👉 試試看：由於受眾不熟悉你撰寫的主題，要求生成式 AI 簡化你的文本[請自行分享、連結或上傳]。

- **讓校訂和編輯流程變得更順暢。**請生成式 AI 檢查文章中的文法錯誤，建議更恰當的用詞，以加強文章的連貫性。生成式 AI 可以只幫你抓錯字，也可以重新思考內容和表達方式；例如，你要求「找出偏離主旨的段落、刪除不必要的細節，把模糊的概念闡述得清楚一點」。

### 聰明寫作，謹慎把關

　　生成式 AI 能讓你寫得更快、更好，但是也有風險，包括虛構事實和產生幻覺。為了降低這些風險，審查 AI 產出的內容非常重要。生成式 AI 可能產出不準確、有偏見或不適合上下文的內容，輸出結果也可能與個人和公司價值觀及目標相左。由於生成式 AI 寫得頭頭是道，可能讓你掉入信任陷阱，過於相信生成式 AI。請記得找出錯誤並親自動手修正。

👉 **試試看**：請生成式 AI 用更精簡的方式描述文字[請自行分享、連結或上傳]。

👉 **試試看**：請生成式 AI 為你的文章[請自行分享、連結或上傳]提供編輯建議，讓文章讀起來更專業。

## 投影片製作

　　管理者經常製作簡報,與團隊、高層主管、客戶和利害關係人分享資訊。但要做出投影片,可能比寫一份好報告來得困難。內嵌於簡報應用程式的生成式 AI 可以協助創造故事腳本、生成投影片、套用特定版面和公司範本、添加視覺元素、製作講稿。生成式 AI 也能濃縮長篇文件、語音或影片內容,幫你做摘要整理,再製作成簡報。不妨請生成式 AI 完成下列事項:

- 把常見問答(FAQ)文件轉換成一份由十張投影片組成且簡潔的簡報,供新人入職訓練之用。
- 根據客戶簡報會議所做的筆記,製作發表新產品的投影片。
- 用最新數據[請自行分享、連結或上傳]更新簡報的內容;長度和結構與原始投影片相同。

　　雖然生成式 AI 可以提供良好的起點,幫助我們在更短的時間內製作出更好的投影片,但別以為製作投影片就

〔實戰案例〕生成式 AI 是你的助理
**在壓力下準備投影片**

凱特是一家生技新創公司的創新總監。她原本打算利用一個下午的時間，為次日早上的客戶會議做簡報，報告公司的最新基因治療研究。但客戶臨時改時間，她只剩 1 小時可準備簡報。由於情況緊急，凱特決定求助於生成式 AI。幸好公司剛採用一套企業級生成式 AI 系統，已整合在公司現有的軟體系統之中。

凱特打開投影片製作的應用程式，在對話介面要求生成式 AI 根據她的筆記（她把筆記檔案複製、貼上），製作一份包含十張投影片的簡報，明定會議目標、聽眾和重要訊息。這個步驟花了她幾分鐘。生成式 AI 很快根據凱特指定的公司範本製作初稿。這個輸出結果為凱特提供良好的修改起點。她用剩餘的時間編輯和調整 AI 草擬的投影片，加入個人風格，為這場會議進行排練。

像按個按鈕那樣簡單，60秒就可以完成。要注意，利用AI製作的簡報是否太制式化，看起來千篇一律。你的簡報應該要有獨特之處。務必仔細檢查AI製作的投影片並加以調整，讓簡報具有個人風格。

本章與前一章說明如何以生成式AI為助理來產出內容，提高個人生產力。在下一章，我們將探討如何讓它擔任協思夥伴，促進個人成長。

### 如何製作投影片

- **輸入內容**。請生成式AI產生某個主題的簡報。你可以指定創造新內容還是運用現有文件，提供重點引導AI進行。
- **外觀與風格**。提供關於外觀和風格的指示，比方必須使用公司簡報範本。
- **順序編排**。確保生成式AI製作的每一張投影片只呈現一個概念。如果你對AI建議的順序不滿意，可以動手編輯和重新安排概念。

- **檢查內容。**所有 AI 生成的內容都必須仔細閱讀。如果有不準確或不適當的地方，必須進行編輯。
- **增加視覺效果。**要求 AI 提供視覺效果的建議，像是圖解（如心智圖），或是有助於說明觀點的有趣圖表與圖片。請 AI 提供多個版本，不要看到第一個版本就接受。對於每一個你想要做成圖表的概念，都應該要求多款不同的設計，然後挑選最能傳達訊息的版本。
- **加入多媒體元素。**請生成式 AI 製作互動式投影片以吸引觀眾，如混合文字、圖像、影片和互動功能。隨著更多生成式 AI 系統發展出多模態（multimodal）*，能夠處理多種類型訊息的輸入和輸出，這個功能會變得更加強大。
- **增加講稿。**請生成式 AI 準備演講要點，建議你在哪裡添加情感；例如，以一個能引起觀眾共鳴的故事開場，或在結尾以強而有力的呼籲來收尾。

*編注：多模態模型是一種機器學習模型，能處理圖片、影片和文字等不同型態的資訊。

## 重點摘要

讓生成式 AI 成為你的助理，幫忙：

- 提升商業寫作能力，包括校對現有文件、撰寫全新文稿等。
- 從頭開始或利用現有文件、音訊、影片來製作投影片。

# 第 8 章
# 自我成長

本章涵蓋自我管理的兩項任務,並使用生成式 AI 作為協思夥伴。分別是:**反省領導風格**以及**尋求回饋**。

生成式 AI 可以幫忙建立定期實踐的習慣,如果你擔任領導者,可以反省自己的價值觀和行為,在行動時提供指導。為了促進個人成長,生成式 AI 可以給你一些實用的方法、提示和技巧,並且讓你蒐集、思考什麼是有價值的回饋。

**反省領導風格**

研究顯示,反省就是表現平庸者和卓越者之間的差異。反省,是花時間誠實思考自己的信念、行為方式和行

為結果。每一個管理者都應該定期用心且審慎的反省，但大多數管理者都沒有這個習慣。[1]要不是一直忙於工作，就是陷入改不了的舊習慣。

如果生成式AI是你的協思夥伴，可以幫忙建立定期自我反省的習慣。它會透過中立觀察者的視角，針對重要使命、價值觀和行為，與你深入對話。生成式AI可以透過非常普及且經過驗證的反思理論和工具包，引導你提出一連串的問題，給予實用建議和範例，提醒你暫停下來，自我反省，並就如何思考某一個習慣提供建議。

雖然生成式AI永遠無法取代人類教練或導師，但它有與人類一起工作的潛力，特別是在資源有限的情況下，可與人們互補。

### 尋求回饋

要成為好的管理者，你必須了解自己做得好和做不好的地方。徵求具體可行的回饋意見，可讓你學習並更有能力做出周全的決策，根據需求調整自己的方向。[2]

你的公司可能努力營造一個良好的工作環境，讓人

〔對話範例〕生成式 AI 是你的協思夥伴
**領導風格的自我反省**

- 角色：
生成式 AI 擔任專家教練，指導管理者反思重要的理論研究。比如援引丹尼爾・高曼（Daniel Goleman）定義的六種領導風格。[*]

- 場景：
設定為一對一的互動。在適合自省和個人指導的私密環境中，管理者與擔任協思夥伴的生成式AI交流。與機器對話不會受到組織內部政治因素的影響，少了這樣的顧慮，才能坦誠回饋。

- 對話大綱：

**步驟1** AI 解釋六種領導風格，並說明運用時機。AI 進行四道題目的測驗，讓管理者作答；AI 詳細說明測驗結果。

**步驟2** AI 請管理者選擇一種風格，當成接下來的討論重點。生成式 AI 根據管理者選擇的風格，詳細

說明哪些情商能力可幫助管理者培養他選擇的風格；管理者提供回饋，選擇其中一項自己需要加強的能力。

**步驟3** AI 請管理者提供具體範例，說明自己在運用所需能力時遇到的困難。為了進一步了解實際情況，生成式 AI 會要求提供更多細節。

**步驟4** AI 建議採取哪些具體行動來開始或持續培養所選能力。管理者對建議行動提供回饋。

- **製作提示詞：**

可至 hbr.org/book-resources 下載可編輯版本的對話大綱（英文），依照需求修改，然後複製、貼到你選擇的聊天機器人中。

＊高曼的研究把領導風格分為高壓型、權威型、前導型、協調型、民主型、教練型六種。參見 Daniel Goleman, "Leadership That Gets Results," Harvard Business Review, March-April 2000, https://hbr.org/2000/03/leadership-that-gets-results

分享有建設性且具體的回饋。即便如此，員工往往不願表達真正的擔憂或批評，特別是對管理階層。管理的職責不僅要面對員工的遲疑，還要讓他們能夠自在分享自己的觀點。懂得如何開口尋求別人的回饋，同時在聽到回饋時坦然接受意見，不抱持防衛心理。這兩件事一樣重要。

### 生成式 AI 的發展 1：訓練聊天機器人

生成式 AI 有望改變商業教練的世界。有些頂尖教練已經開始測試 AI 驅動的虛擬分身，這些 AI 機器人可以模仿他們的知識和教練風格。這個領域的先驅之一是馬歇爾・葛史密斯（Marshall Goldsmith）的 AI 聊天機器人，它能充當教練的虛擬分身，像人類教練一樣回答問題和提供建議。

這些機器人建立在大型語言模型的基礎上，透過大量文獻、文章和影片的輸入，汲取獨特的見解。為了訓練這些大型語言模型，教練必須回答數百個問題。答案經過精心編輯後，讓機器準確反映教練的獨

> 特風格和見解。
>
> 　量身打造的 AI 聊天機器人可隨時隨地提供服務。例如，在實體課程之間，接受指導的管理者可與 AI 主導的虛擬分身互動，釐清疑問，提出後續問題，並且實際練習。
>
> 　雖然這些機器人非常先進，但還是可能提供錯誤的建議，不可不慎。

　將生成式 AI 當作協思夥伴，可以幫你提升尋求回饋的能力，進而拿出行動，促進個人和專業技能的成長。你可以請生成式 AI 扮演擅長傾聽、自我覺察和情商專家的角色，與你進行對話。這是典型一對一的場景，你與 AI 進行對話，但你也可以請生成式 AI 扮演團隊成員、同事和利害關係人，尋求他們的意見回饋，把應用擴展至多人參與的情境。

　讓生成式 AI 做你的協思夥伴，不只促進個人成長，還讓你成為更好的溝通者。我們將在下一章繼續探討。

〔對話範例〕生成式 AI 是你的協思夥伴
## 尋求回饋

- **角色**：
生成式 AI 擔任專業教練。幫助管理者更有能力要求別人提供實質的回饋。

- **場景**：
設定為一對一互動。在適合內省和個人指導的私密環境中，管理者與扮演協思夥伴的生成式 AI 交流。

- **對話大綱**：

　步驟1 AI 可請管理者描述目前從下屬取得回饋的方法。包括經常會遇到的困難或顧慮。

　步驟2 AI 進一步分析管理者的回答。AI 根據最佳實務和範例提出改進方法；管理者則可對此進行評論，並選擇一種方法深入討論。

　步驟3 AI 深入探討管理者選擇的方法。根據管理者提供的背景，給予具體提示和行動建議來解釋如何

實踐。

**步驟4** 管理者進一步說明執行步驟。管理者選定行動方案，然後開始練習自己選擇的方法。

**步驟5** AI 指出必須注意的陷阱。就管理者面對負面回饋時可能出現的情緒反應提供如何處理的建議。

- **製作提示詞：**

   可至 hbr.org/book-resources 下載可編輯版本的對話大綱（英文），依照個人需求修改，然後複製、貼上你選擇的聊天機器人中。

## 重點摘要

在個人成長方面,生成式 AI 可以幫你:

- 建立定期自我反省的習慣,讓你具有覺察能力,成長得更快,發揮個人潛能。
- 了解如何尋求回饋,並且掌握回應的技巧。

# 第 9 章
# 說服與溝通

本章涵蓋自我管理的兩項任務,並使用生成式 AI 作為協思夥伴。這兩項任務都需要你展現說服力進行溝通,分別是:**演講準備**以及**面試準備**。

生成式 AI 可以幫你準備能引起聽眾共鳴的演講和談話內容,而且不只是在準備階段就提供協助,還能一起排練,教你如何在演講後進行檢討。它也能透過模擬情境和預測觀眾可能提出的問題,幫你準備求職面試。

## 演講準備

如果你是管理者,經常面對的一大挑戰是對不同的聽眾發表有說服力的演講,包括對自己的團隊、全公司會

議、外部會議和利害關係人會議。你可以從管理文獻和其他領域找到很多優秀的演講或簡報範例，如南西・杜爾特（Nancy Duarte）的《跟誰簡報都成功》（*HBR Guide to Persuasive Presentations*）就是很有用的參考資料。然而，公開演講的壓力很大，使人容易偏離這些原則，陷入常見的陷阱，像是過度依賴PowerPoint。

讓生成式 AI 擔任協思夥伴，可以使你成為更好的溝通者。它會告訴你如何為重要活動的演講做準備，決定要「講什麼」（定義故事架構、聚焦核心訊息、找出潛在弱點、預測可能出現的質疑和挑戰、運用比喻和舉例），以及「怎麼講」（設定語氣、節奏、眼神接觸、姿勢、手勢）。這是一場人機對話，幫你思考聽眾需求、建構故事框架、組織敘事結構及微調訊息。在整個過程當中，你都可以用母語與 AI 交談。你提供背景脈絡，生成式 AI 根據具體情況提供建議，打造合適的內容（包括故事敘述、針對聽眾調整內容、比喻的選擇、強化論證、在理性分析和情感訴求間取得平衡），同時改進在台上的表現（包括語調的抑揚頓挫、停頓和手勢等非語言溝通方面的掌握）。[1]

〔對話範例〕生成式 AI 是你的協思夥伴
**演講準備**

- **角色：**
生成式 AI 擔任溝通專家的角色。AI 採取最佳做法，讓演講更有說服力。

- **場景：**
設定為一對一互動，管理者在準備演講時與機器互動。然而，在與 AI 互動後，建議管理者可以在同事面前排練，尋求他們的回饋，再根據他們對排練的意見，回頭與機器對話，進一步修改。此外，管理者可以錄下排練過程，上傳檔案，要求機器提供回饋。

- **對話大綱：**

  步驟1 AI 要求管理者提供主題和聽眾背景等資訊。基於這些資訊，AI 可協助管理者考慮聽眾類型，建議採取哪些策略使演講更能引發他們的共鳴。

  步驟2 AI協助管理者建構故事框架。包括開頭、中

間和結尾。管理者可以重複提供AI回饋，根據故事情節添加或移除元素。

**步驟3** 一旦確立故事框架，管理者提供額外資訊和細節。生成式AI建議適當的數據、引述、範例、類比或隱喻來強化故事訊息；管理者選擇自己偏好的選項或要求替代方案。

**步驟4** AI根據管理者對語氣和風格的意見，選擇適當的措辭；或是建議能引起共鳴的關鍵詞和適當句子。如果管理者不滿意，可以要求機器提供替代選項。

**步驟5** 在演講內容底定之後，AI就非語言要素向管理者提供建議（如節奏、眼神接觸、停頓、手勢、姿勢和聲音）。這些建議也要考慮目標聽眾和管理者的風格和偏好。生成式AI對管理者可能感到困難的地方，會提出最佳做法當作參考，建議可利用AI提供的技巧和練習來克服障礙。

**步驟6** AI提出聽眾可能在演講中提出的三個問題。如果管理者認為這些問題不合適，可要求提出其他

問題。

- **製作提示詞：**
可至 hbr.org/book-resources 下載對話大綱的可編輯版本（英文），依照需求修改，然後複製、貼到你選擇的聊天機器人中。

最終成果不只能有效傳達訊息，還能與聽眾建立深度連結，激勵他們思考和行動。

你可以把生成式 AI 當作一種有力的工具，協助你排練或進行演講後的分析與改進。如果有語音對話功能，你可以在演講前利用這種功能來練習。演講結束後，你把錄製下來的排練或演講上傳到對話中，與生成式 AI 討論你的表現，獲得如何改善的建議。AI 可針對你的表達方式、語氣和肢體語言提供意見。這種回饋循環能讓你評估自己的表現，了解哪些地方做得好、哪些做得不好，以及未來如何提升演講技巧。

> ### 生成式 AI 如何助你成為演講高手
>
> 　　如果想提升演講技巧,可以考慮讓生成式 AI 當你的演講教練。以下是你可以做的事:
>
> - **分享你的演講**。上傳或複製你最近演講的錄音或錄影連結。如果系統有語音對話功能,可直接與 AI 討論。
>
> - **請生成式 AI 給予回饋**。AI 可以評估你的演講,並與其他人的演講示範比較。它可就各方面提供建議,從內容的清晰度和互動技巧,到節奏、語調變化、停頓的運用、手勢、姿勢、以及在台上的走位。
>
> 　　請記住,生成式 AI 可能會討好你。如果你覺得它給你的回饋過於正面,可以這樣要求:
>
> - 「請給我誠實且客觀的回饋。」

- 「請指出需要改進的地方。我要有建設性的批評,而不是得到你的認可。」
- 「請提出我可能沒有考慮到的新觀點。」

- **練習以上要點**。生成式 AI 會根據分析結果,告訴你進行什麼樣的模擬練習,才能改進需要加強的地方。AI 還會推薦閱讀書單,幫助你提升技能,在台上表現得更好。

## 面試準備

　　求職面試不只是獲得新職位的機會,更是自我提升的時刻。請把面試的挑戰看成一個能夠深入了解自己優勢、劣勢和抱負的契機。無論結果如何,只要你好好準備,全力以赴,對職涯發展都會有很大的幫助。讓生成式 AI 成為協思夥伴,一起練習,它會根據你的背景、興趣和價值觀提供指導。它能幫你深入探討成為優秀管理者的方法,並對內或對潛在雇主進行有效溝通。

在準備面試的過程中，你可以讓生成式 AI 擔任練習夥伴，讓你練習：

- **發掘有用資訊**。請生成式 AI 搜尋多個網站（例如：職場評價網站Glassdoor.com），讓你大概了解一家公司的文化、價值觀和工作環境，並與你討論你是否適合該公司。
- **準備面試**。請生成式 AI 協助解讀職位描述中要求的技能和特質，評估你的經歷是否符合這些要求，並且幫你描述自己，用實例來凸顯為什麼你適合這個職位。生成式 AI 也可以起草或審閱你的履歷表和求職信。

　　👉 **試試看**：要求生成式 AI 審閱履歷表 [請自行分享、連結或上傳] 和求職信 [請自行分享、連結或上傳]，並與你討論在面試中需要展現的重要成就和優勢。

　　👉 **試試看**：請生成式 AI 比較職位描述與你的經歷 [請自行分享、連結或上傳]。請它告訴你兩者是否有任何差距，並預先準備面試官可

能提出的疑問。

- **排練**。請生成式幫你AI模擬面試，讓你練習面對高壓情境、棘手問題、意外要求或質疑。生成式AI可以給予改進的建議，提供技巧。生成式AI模型的語音對話功能甚至可以給你更真實的模擬機會。

  ☞ **試試看**：請生成式AI幫你準備[請自行指定公司]的[請自行指定職位]求職面試，並且針對你的領導風格，提出面試官可能會問到的三個意外問題。

本章和前一章說明如何讓生成式 AI 成為協思夥伴，促進個人成長，磨練溝通和演講技巧。下一章將探討如何運用生成式AI來強化團隊管理任務。

〔對話範例〕 生成式 AI 是你的協思夥伴
**求職面試準備**

- **角色：**
生成式 AI 擔任職涯教練。

- **場景：**
設定為一對一的情境。管理者與機器互動，以利準備求職面試。

- **對話大綱：**

  步驟1 AI 請管理者分享即將到來的面試資訊。請具體說明職稱、詳細職位描述和公司名稱。

  步驟2 AI 請管理者分享履歷表和經歷。針對其專業技能、資格與職位要求進行比對分析，找出最適合的專長領域，同時也指出有待加強的部分；管理者再針對這份分析給予回饋和評論。

  步驟3 AI 建議調整履歷表，以充分展現管理者的條件。管理者要對建議修改的部分提供回饋。

  步驟4 AI 進行模擬面試。從兩個常見面試問題開

始,逐漸增加問題的複雜度,包括兩個出乎意料或不易回答的問題。

步驟5 生成式AI對管理者在模擬面試中的表現提供回饋。請AI提供具體建議,加強你的溝通技巧。

- **製作提示詞:**

可至 hbr.org/book-resources 下載對話大綱的可編輯版本(英文),依照需求修改,然後複製、貼到你選擇的聊天機器人中。

## 重點摘要

生成式 AI 可以讓你的溝通更有說服力，你可以用生成式 AI 來：

- **準備演講**。了解聽眾特性，思考整體故事架構及欲傳達的重要訊息，進而規劃演講大綱，一起創作能展現個人風格與特色的初稿。
- **磨練演講技巧**。分析過去的演講表現，就表達方式、語氣和肢體語言提供回饋，並與你一起彩排和練習以求進步。
- **準備求職面試**。檢視你的優勢，預先準備如何回應面試官對不足之處的質疑，並陪同進行模擬面試。

# 第 3 部

# 團隊管理

生成式 AI 可成為你的助理與協思夥伴，幫你簡化任務、優化團隊互動與決策流程，全面提升團隊的成效，還能加強創新能力。

## 第 10 章
# 團隊合作如何改善

　　團隊合作已經成為常態。由於愈來愈多活動在共同執行的環境中進行,不論是促進人際互動,到培養團結的精神和使命感,團隊管理的各項細節對於團隊的成功與否都非常重要。要讓團隊維持高效生產力,如果你是管理者,不僅扮演重要且具有挑戰性的角色,同時還必須營造一個心理安全感的環境,才能激發高績效所需的創造力。生成式 AI 可以幫忙提升管理和領導團隊的效率和效能。

　　在團隊活動中,會議安排、任務規畫和報告等基本事務很耗時,如果不能有效管理,將會大量消耗精力。生成式 AI 助理可以簡化這些任務,減輕團隊負擔,讓人能騰出寶貴時間來處理更有價值和更需要發揮創造力的工作。

### 表 10-1　可透過生成式 AI 加強的團隊管理任務

|  | 助理 | 協思夥伴 |
|---|---|---|
| 第 3 部：<br>團隊管理 | 支援團隊運作<br>● 會議管理<br>● 設定目標與清楚闡述<br>● 規劃任務與完整報告<br><br>激發集體創意<br>● 團隊組成<br>● 創意發想 | 領導團隊<br>● 訂立團隊目標<br>● 設計高品質的工作<br>● 解決衝突<br><br>解決共同的問題<br>● 釐清問題方向<br>● 找出根本原因<br>● 問題情境描述 |

　　有效管理的團隊必須營造利於發揮創造力和包容性團隊互動的環境。這不僅限於研發或創新團隊，也適用於從營運到人力資源等所有的部門和職務，只要是致力於工作流程創新的團隊，通通適用。將生成式 AI 當作助理，可以培養團隊創造力，比如為腦力激盪會議提出想法，或是為你的創新團隊建議理想的技能組合。

　　如果你是管理者，負責建立共同的使命感，也就是創造一個能讓團隊緊密連結、成員互相信任的目標。將生成式 AI 當作協思夥伴，可以幫你思考如何建立一個讓團隊

在心理上感到安全且具有包容性的環境。在這裡如果發生人際衝突,你能採取有建設性的方式來化解。[1]

生成式AI可透過一套系統化的程序來引導團隊解決問題。首先,它會協助提出相關問題,且從多重觀點來界定問題。[2] 接著,它可以幫忙辨識涉及多個面向的根本原因,以深入了解問題核心。然後,它能幫忙整理可能的解決方案,協助使用者評估優缺點。這個過程讓團隊能夠找到一個滿足特定要求的解決方案。在團隊與機器對話的過程中,可以一邊思考、一邊調整,也能不斷的修正與改進中解決問題。

在第3部的前兩章,你將學習如何使用生成式AI支援團隊運作(第11章)和激發集體創意(第12章),而且有具體範例可供練習。在後兩章,你會學習如何與生成式AI進行對話,讓它擔任協思夥伴,幫助你領導團隊(第13章)和解決共同問題(第14章)。

## 重點摘要

　　生成式 AI 可以透過助理模式（用於執行任務）和共同思考模式（用於有系統的釐清團隊成員之間的互動），有利於提升團隊管理的效能；像是：

- 將生成式當作助理，可從會議管理到團隊組成都減輕管理者和團隊的日常任務負擔，激發新想法。
- 將生成式 AI 當作協思夥伴，可以幫忙思考如何有效領導團隊，協助你和你的團隊思考共同目標，提升工作品質與價值，磨練解決問題的能力。

# 第 11 章
# 支援團隊運作

本章涵蓋團隊管理的三項任務,並使用生成式 AI 作為助理。分別是:**會議管理、設定目標與清楚闡述**、以及**規劃任務與完整報告**。

團隊通常在不得不做的行政事務上花費大量時間,例如,規畫、報告、以及與其他部門人員開會。如果你能讓團隊騰出大量的工作時間,讓他們專注在真正能創造價值的事情上呢?讓生成式 AI 成為助理,為團隊減少例行事務的負擔,提升他們的工作動機和生產力。

**會議管理**

會議是團隊工作進展的關鍵,能促進成員互相合作,

也會影響每個人完成工作的方式。但會議往往無法達到應有的效果。議程規畫不當、準備工作疏失以及會後協調不力,都會影響會議的效果。把生成式 AI 整合到團隊合作的應用程式(如內建於 Teams 的 Microsoft Copilot、或 Google Meet 的 Google Gemini),可以增進團隊的會議表現,不論是在開會前後。你不妨這樣做:

- **會議前,可以要求生成式 AI 幫忙規劃和準備會議**。生成式 AI 可以建立一個有時間限制的議程(「根據我的筆記 [請自行分享、連結或上傳] 或與 [請自行指定對象] 的電子郵件串,起草一個 60 分鐘的會議議程」),還可以準備會前資料(「把這份文件 [請自行分享、連結或上傳] 歸納成五段內容,並提出讀者在閱讀後應該能夠回答的三個問題」)。

    👉 **試試看**:為 [請自行指定主題] 的會議做準備時,要求生成式 AI 建議二至三個適合的問題,以利詢問內部專家 [請自行指定對象]。

    👉 **試試看**:要求生成式 AI 用表格為 [請自行指

〔實戰案例〕生成式 AI 是你的助理
## 管理定期團隊會議

阿倫是一家科技公司的產品經理，正在準備兩週一次的團隊同步會議。以前他總是得花 1 小時整理每個團隊成員更新的資料，閱讀之前的會議紀錄和相關文檔，再擬定議程。現在，他請生成式 AI 這個助理幫忙完成這件事。

首先，他要求生成式 AI 起草一個 60 分鐘的會議議程，討論產品路線圖的最新進度和新功能的優先排序。他向生成式 AI 分享之前的會議紀錄，並請求瀏覽他與團隊成員的電子郵件，以蒐集更多資訊。

阿倫看完生成式 AI 草擬的議程，再添加一點內容，重新調整議程討論事項的順序。

會議一開始，阿倫就要求生成式 AI 做紀錄。

會議結束後，生成式 AI 寫出一份會議摘要，包含會議重點以及已經達成共識的行動方案。阿倫看過這份摘要之後，透過電子郵件傳給所有與會者。

定主題]的工作坊建立一個120分鐘的議程。表中必須包含以下四個標題：議程項目、項目標題、需回答的問題、以及議程的討論時間。

👉 **試試看**：討論[請自行指定主題]時，要求生成式AI新增一項議程[請自行分享、連結或上傳]，並以[請自行指定事項]結束。

- **會議中，要求生成式AI寫筆記、把討論內容轉為逐字稿、追蹤誰說了什麼、做重點回顧的摘要，還要即時生成結論。**這將使原本負責記錄的團隊成員能夠專心投入討論，貢獻意見。你也可以要求生成式AI透過橫向思考（「提供三個有顛覆性的創意想法」）、不同的觀點（「凸顯可能會出現爭議的地方」）或支持證據（「搜尋支持這個論點的數據」）來改善團隊討論和合作。

    👉 **試試看**：要求生成式AI建議能提高與會者參與度的技巧[請自行指定形式、參與者和主題]。

## 生成式 AI 協助下你在會議中的角色定位

開會時,很多管理者常會回到自己習慣扮演的角色,或是堅持自己應該扮演什麼樣的角色,但沿用以往的做法會讓團隊動力僵化,削弱會議的整體成效。[*]從下一次團隊會議的議程和主題開始,生成式 AI 可以幫忙塑造你想扮演的角色。記得分享你的溝通風格和個人特質等相關資訊,生成式 AI 才能提供更好的建議。你可以嘗試扮演這樣的角色:

- **催化者**。詢問生成式 AI 如何激發團隊討論和新想法。生成式 AI 可能會建議你分享故事或利用譬喻。
- **挑戰者**。詢問生成式 AI 如何用數據和證據來質疑主要會議內容中論點的邏輯、連貫性和合理性。它可以幫忙建立一份你希望獲得解答的問題清單,或者凸顯值得考慮或重新考慮的假設。
- **召集者**。詢問生成式 AI 如何傳達你對團隊的信任,鼓勵大家充分參與討論。例如,要如何鼓勵內

向者更積極參與討論，AI 可以給予建議，包含範例、措辭。若生成式 AI 模型有語音功能，甚至可為你示範用什麼樣的語氣比較有成效。

＊David Lancefield, "Stop Wasting People's Time with Bad Meetings," hbr.org, March 14, 2022, https://hbr.org/2022/03/stop-wasting-peoples-time-with-bad-meetings.

## 利用生成式 AI 增進團隊參與和互動

開會時，你可以向生成式 AI 提問，了解團隊成員參與討論的投入程度。

不妨詢問 AI 以下問題：

- 「所有參與者的發言時間是否分配得當？」
- 「就這個主題，誰還沒有分享觀點？」
- 「可以舉出什麼問題來吸引尚未發言的人參與討論？」
- 「對話陷入停滯時，可以提出哪兩個問題來帶動討

論？」
- 「會議結束前，哪些議題被忽略或是沒有獲得足夠的回饋？」

會議結束後，生成式AI以會議中蒐集到的數據（誰發言、發言時間多長、討論什麼議題）為良好的基礎，協助團隊討論如何改進合作和溝通。AI還可以為管理者提供寶貴的觀點，協助反省領導風格，提升會議管理技能。

你可以這樣問 AI：

- 「開會時，我是否過於強勢，發言超過三分之二的時間？」或「我給他人提問或貢獻的空間是否太少？」接著，詢問你可以學習或練習的技巧，精進自己的聆聽能力。
- 「我是否有鼓勵成員在開會時說出自己的顧慮和提出問題？」詢問你可以學習或練習的技巧，了解且重視不同的觀點，確保每個人都有機會發言。

- **會議後，要求生成式 AI 做會議摘要，包括行動專案和截止日期。**生成式 AI 還可以依不同成員的需求整理會議摘要，例如，為高階主管準備一頁的備忘錄。在下次會議前，你可以要求生成式 AI 注意工作進度、追蹤進度（例如：「歸納每一位與會者各自負責的執行項目和截止日期」），並為下一次團隊會議推薦討論主題和與會者。

  ☞ **試試看**：要求生成式 AI 列出可能需要進一步討論的地方，以及與[請自行指定對象]開會時未能解決的問題[請自行指定形式、參與者和主題]。

## 設定目標與清楚闡述

如果你是管理者，幫助團隊設定有效目標是重要的工作。設定充滿雄心又可行的目標能提高生產力，讓員工更投入，也能幫助團隊成員專注在最重要的任務上。

生成式 AI 熟悉各種目標設定的技術，如 OKR、FAST 和 SMART，能幫助你和你的團隊有效的定義、構建和闡述目標。[1]它可以幫你：

- **了解和選擇目標設定技術**。請生成式AI解釋不同的技術，提供範例，並進一步說明。一旦選擇其中一種技術，你可以請生成式AI指導你如何應用，傳授技巧以及需要避免的常見陷阱。

  👉 **試試看**：請生成式AI解釋目標與OKR框架，並提供一個範例。同樣的，也可嘗試SMART或FAST目標框架。

- **說明團隊與公司目標一致**。請生成式AI協助評估和重新說明團隊目標如何與公司整體目標保持一致，使兩者的關係更加明確、有說服力；例如，「重新敘述目標[請自行指定目標]，使之呼應公司策略[請自行指定策略]」。

  👉 **試試看**：請生成式AI分析團隊目標[請自行分享、連結或上傳]與公司整體戰略[請自行分享、連結或上傳]之間的關聯。

- **詳細闡述目標並描述任務**。請生成式AI闡述團隊目標；

例如,「根據我的筆記[請自行分享、連結或上傳],用兩句話說明目標,然後將每個目標拆解為三個子目標」,接著描述任務。請使用明確、具體的語言和例子,避免語意不清,確保每個團隊成員了解自己的責任及對預期結果的貢獻。

👉 **試試看**:請生成式 AI 擬出一份專案目標[請自行分享、連結或上傳]的摘要表格。表格包含四列:目標、任務、負責執行任務的個人或團隊,以及每個目標的截止日期。

- **檢查目標是否陳述清楚**。請生成式 AI 評估目標是否按照你選擇的目標設定框架正確的陳述。請注意,在這種情況下,生成式 AI 無法確定某個目標是否適合你們,只能判斷目標的架構是否完善。

  👉 **試試看**:根據 SMART 目標設定框架,請生成式 AI 檢查某個目標是否通過 SMART 測試。

- **確定衡量進展的正確指標**。請生成式 AI 為每個目標提供

相關的衡量指標，並點出不同任務之間這些指標的相互關聯。[2] 如果你已經有一份指標列表，則可請生成式 AI 指出可能被忽視的指標。此外，生成式 AI 可以將指標轉化為公式，建議如何測量以及多久審查一次。

☞ **試試看**：請生成式 AI 推薦四項指標來追蹤團隊目標[請自行分享、連結或上傳]，其中兩項是質化指標，另外兩項則是量化指標。

## 規劃任務與完整報告

身為管理者，經常必須擬定專案計畫，以實現宏偉的目標；同時又必須在預算範圍內如期完成。大多數專案規畫和任務報告是重複的，有時甚至單調乏味。你可以讓生成式 AI 當你的助理，更有效率的分擔其中一些任務。你可以請生成式 AI 幫忙：

- **制定計畫**。請生成式 AI 根據專案描述和進階計畫內容來組織團隊工作。例如，「列出專案任務，將之將分解為三個子任務，並建議先執行哪個任務」。

👉**試試看**：請生成式 AI 檢查專案時間表[請自行分享、連結或上傳]的每項任務，確認順序（「列出的每項任務是否按照專案進展所需的邏輯順序排列？」），階段性目標的規畫是否合理（「有沒有那個任務跟重要專案的階段性目標無關？」），以及任務之間的關聯（「各項任務之間有沒有彼此相關或需要配合的地方，請說明」）。

- **以圖表呈現計畫**。可以請生成式 AI 用圖表來呈現專案計畫，包括重要階段性目標和不同任務之間的關係。

    👉**試試看**：請生成式 AI 為行銷活動[請自行分享、連結或上傳]製作甘特圖。記得要指定任務與期限，比方市場分析、活動設計、內容製作、活動發布及績效分析（皆需指定期限，例如：三週）。

- **製作專案狀態報告**。請生成式 AI 起草報告，可根據專案

的財務資料、資源、所需工時、時程、以及是供內部或外部使用來草擬。AI還可以加入視覺圖表來豐富報告。與任何AI生成的內容一樣，報告不一定能準確反映專案狀態，因此在報告定案和傳送出去之前，你或團隊成員務必仔細審查。

☞ **試試看**：根據最新的進度報告[請自行分享、連結或上傳]，請生成式AI提供專案[請自行指定專案]更新方向和待辦事項的摘要。

☞ **試試看**：請生成式AI建立一個模板來追蹤專案遇到的問題，包括問題描述、狀況、指派的負責人員以及解決方案的待辦事項。

☞ **試試看**：請生成式AI指出專案進度報告[請自行分享、連結或上傳]中缺乏合理依據或論證的部分，或需要進一步解釋的地方，並建議如何改進。

☞ **試試看**：請生成式AI寫一封電子郵件給某位利害關係人[請自行指定對象]，向上呈報一個重要專案[請自行指定專案]的問題，概述

這個問題的影響，並提出可能的解決方案。

我們已經介紹如何運用 AI 支持團隊運作，包括規畫、報告和團隊會議等任務，接下來將探討如何利用生成式 AI 提升團隊創造力。

**重點摘要**

在團隊運作方面，利用生成式 AI 作為輔助工具，可以幫助你和你的團隊：

- 讓團隊會議進行得更順暢，包括會議前、中、後的相關事宜。
- 清楚定義和闡述團隊目標，確保成員了解自己的責任和預期結果。
- 制定專案計畫，向不同的對象報告專案進行狀況。

# 第 12 章
# 激發集體創意

本章涵蓋團隊管理的兩項任務,並使用生成式 AI 作為助理。分別是:**團隊組成**以及**創意發想**。

如果員工沒有創造力,大多數公司都無法成功。[1] 要打造新產品、改進工作方式,或是讓客戶更滿意,團隊創意都是關鍵。讓創意人才充分發揮,是每一位管理者的重要職責。如果生成式 AI 成為助理,可以打造團隊、促進團隊的創新能力,在腦力激盪的過程提供創意發想所需的援助。

## 團隊組成

在你負責創新方案時,首先必須確定團隊成員擁有合

適的技能、背景、觀點和個性。其次,你必須創造條件,讓團隊成員能為實現團隊目標進行有建設性的互動,充分發揮潛力。

無論是從零開始建立新的專案團隊,或者評估你接管的團隊會有什麼樣的需求,生成式 AI 都可以當你的助理,在組成創意團隊的各個層面提供以下協助:

- **了解創意團隊的組成**。請生成式 AI 幫你確立創意團隊所需的跨領域角色,同時考慮團隊目標以及創意過程的不同階段,從初步腦力激盪到概念評估。這可能需要策略規畫師、設計師、技術專家等各種角色的組合。

  👉 **試試看**:為了組成一支致力於[請自行指定專案]的創意團隊,請生成式 AI 列出通常需要哪些角色。

- **明確指出所需技能**。請生成式 AI 描述創意發想過程每個角色必須具備的能力和專業知識,包括詳細分析每個階段所需的技能。

👉 **試試看**：要求生成式 AI 為[請自行指定角色]描述其工作內容，包括所需技能和必要經驗。

　　👉 **試試看**：要求生成式 AI 以表格形式提供詳細的技能組合。表格應包含[請自行指定內容，如職位、技能、個人檔案]。

- **查看團隊組合是否適當**。請生成式 AI 分析團隊組成，注意成員的技能、專業知識、特別擅長的領域和先前經驗等是否具有多元性。如果不夠多元，可以要求 AI 指出不足的地方，並建議可以補拙的人才特質。

　　👉 **試試看**：請生成式 AI 列出你在草稿[請自行分享、連結或上傳]可能忽略的跨領域技能，這些技能可提升團隊創造力。

　　👉 **試試看**：請生成式 AI 找出新的團隊[請自行分享、連結或上傳]擁有的技能是否可以互補。

　　👉 **試試看**：請生成式 AI 判斷團隊[請自行分

享、連結或上傳］是否缺乏任何重要技能或不夠多元化，建議如何解決這些差距。

> **別將人事決策交給生成式 AI**
> 　　雖然生成式 AI 善於評估硬實力（專業技術技能）、經驗和資格，但對於軟實力（如溝通、同理心）以及理解人類行為，則往往無法精準掌握情感。如果你是管理者，必須評估每個人選的工作風格（如團隊合作者、人脈建立者、溝通者、影響者）、軟技能（如情商、聆聽能力）、動機和個人目標、生活經驗等是否合乎專案需求。

### 創意發想

　　創造力是產生想法的能力，無論是為了產品行銷、重新思考內部流程，還是以不同方式解決問題。很多人認為，創造力是由基因決定，但研究顯示，創造力其實是環

境的產物,因此可以學習和培養創意。[2] 身為管理者,在驅動團隊合作生成創意的會議扮演關鍵角色。這些會議利用每個成員的技能、經驗和專業知識,在團隊中建立創意文化。然而,要產生具有突破性的想法非常需要集思廣益,必須反覆嘗試不同選擇,最後才能找到最可能開花結

〔實戰案例〕生成式 AI 是你的助理
**翻轉鞋子設計的過程**

一家製鞋公司的設計團隊使用生成式 AI 快速提出新產品概念並做評估。這支團隊採用文字轉換圖像的技術,將簡單的文字提示轉換為獨特的鞋類設計。這些 AI 演算法擅長識別圖像,進行類比,根據團隊的文字描述,創造出富有想像力的演繹。

在很短的時間內,團隊使用生成式 AI、以最符合成本效益的方式創造多款設計,展現各種風格、材料、顏色和形狀。這種方法使團隊能夠迅速找出最好的選項進行原型製作,然後推向市場。此外,團隊揚

> 棄傳統、耗時的設計過程，隨著風格趨勢的變化，增加目錄更新的頻率，以跟上最新流行風潮，迎合顧客喜好。
>
> 　　這個例子呈現生成式 AI 如何在概念構思階段提高設計團隊的生產力和創造力。團隊提供詳細指示給生成式 AI，並且持續評估其建議和輸出結果；生成式 AI 則處理複雜且詳細的圖像，還可同時考慮多個創意概念。

果的想法。[3]

　　讓生成式 AI 成為你的助理，AI 會產生各種想法，提供新觀點和新見解來突破障礙，進而發揮創意。[4]

　　在團隊腦力激盪的會議中，生成式 AI 可以透過多種方式激發創意：

- **廣度**。你可以要求 AI 產生各式各樣的想法，擴大集思廣益的範圍。

☞ **試試看**：要利用[請自行指定技術]來解決[請自行指定國家]面臨的挑戰[請自行指定任務]，請生成式AI建立一份包含二十個潛在應用的列表，同時考慮客戶的限制條件[請自行指定條件]。

- **思路擴展**。要求生成式AI找出你和你的團隊可能沒有立即察覺的模式和關係，提供全新的視角。這種能力是藉由連結不同的概念，使腦力激盪會議更有成效。

    ☞ **試試看**：要求生成式AI分析上一季回饋意見提到的客戶常見挑戰[請自行分享、連結或上傳]，透過與不同產業的比較來提出創新解決方案。

- **歸類**。要求生成式AI將想法分類與整合，讓討論更聚焦。

    ☞ **試試看**：要求生成式AI審查上次與[請自行指定對象]開會時出現的所有想法，將這些想

法依不同主題分類，如技術、用戶體驗和可持續性。

- **精進**。要求生成式 AI 進一步闡述想法，考慮某種限制（如預算、時間或技術）或要求（如可持續性或無障礙設計），並詳細描述創新構想。
  - 👉 **試試看**：要求生成式 AI 建議如何改進初步想法[請自行分享、連結或上傳]，以適應不斷變化的市場條件[請自行指定條件]。

- **評估**。要求生成式 AI 根據某個標準（如新穎程度、可行性、影響力和使用難易度）對想法進行評分。
  - 👉 **試試看**：請生成式 AI 根據創新和可行性，對你的團隊的想法[請自行分享、連結或上傳]進行評分。針對每個想法打分數（一至十分；一分代表創新程度低，十分代表創新程度高），並簡短說明給分的理由。

### 生成式 AI 的發展 2：超越多模態

最初，生成式人工智慧模型大多是單模態的，意即只擅長一種數據的輸入和輸出（通常是輸入文字、輸出文字）。後來多模態的出現，使得生成式 AI 能夠執行需要不同類型數據任意組合的任務，例如：文字、圖像、音訊和影片。因此，生成式 AI 模型能回應音訊輸入（例如：你的聲音），並根據你的請求生成圖像或影片，使不同形式的內容無縫連接。

展望未來，在 3D 空間結合多模態的能力將愈來愈吸引人，可能很快就會看到 AI 與其他技術的融合，如虛擬實境、擴增實境和機器人。想像一下，日後將會出現沉浸式會議，一個能夠讓與會者完全投入創意過程的環境，在這裡集思廣益。會議中，生成式 AI 將以 3D 視覺呈現概念，讓與會者得以從多元角度審視，親身體驗並且與想法互動。

- **圖像呈現**。要求生成式 AI 使概念更具體、實在。透過文字轉圖像功能，使想法圖像化，團隊成員更容易了解彼此的創意概念，並能以他人的想法為基礎進一步發展。這對團隊包容性而言也很重要，讓那些拙於文字或口頭表達的人，能用圖像充分貢獻自己的想法。

  👉 **試試看**：請生成式 AI 根據簡單描述[請自行分享、連結或上傳]生成五張代表新產品想法的圖像。

  👉 **試試看**：指定你想看到的內容，要求 AI 生成圖像。例如，「生成一張圖像，展示新產品設計在實際使用情境下，如何體現[請自行指定概念]。同時使用紅色做為表達概念的主要顏色」。

儘管生成式 AI 可以是創意發想過程中的得力助手，人類仍必須在整個過程中居於主導地位，針對業務的具體情況，選擇最合適的構想。請記住，還要用其他技術來輔助，比如常用於構思的設計思考，或透過客戶探索來驗

### 如何讓生成式 AI 激發更多創意

- **設定明確目標。**描述你想達成的目標；例如，「我想召開團隊會議，集思廣益，重新思考產品[請自行指定產品]的市場策略」。記得提供背景資訊。
- **強調品牌特色。**解釋你的品牌與競爭對手的差異，在整個創意發想過程中要求生成式 AI 將其當作指導方針。
- **設定範圍。**明確指定你希望生成式 AI 創造新想法的範圍；例如，「列出全新且具顛覆性的想法，而非漸進式的改進方法」。
- **推動橫向思維。**利用生成式 AI 的思路擴展能力。如果創意水準不符合你的期望，可以進一步鼓勵生成式 AI，「努力突破創意的界限，我知道你還能做得更好」。
- **不滿足於初步想法。**不要只接受最先出現的幾個想法。記住，生成式 AI 不會疲倦，可以不斷要求它提供更多選擇。

- **類比**。利用生成式 AI 從各方來源進行比較和分析,讓團隊更清楚了解問題或情況。可請 AI 提供見解,例如,「告訴我,其他公司如何因應類似挑戰」或「找出過去五年其他行業的相似模式」。
- **定義評估標準**。雖然生成式AI可以幫助團隊對想法進行分類和評估,但團隊必須建立評估標準。例如,「根據可行性、創新和影響力,對潛在解決方案進行分類」。此外,團隊應提供明確的指示和標準,說明生成式AI如何打磨構想或整合想法。

證概念,找出能連結你的品牌差異化與獨特價值主張的方法。

請記住,生成式 AI 是團隊腦力激盪和激發集體創意的輔助工具,無法替代人類的創造力。AI可以提高創意會議的效率,提升激發靈感的速度、廣度和多樣性,也能協助組織和擴展思路。然而,為了更有效運用生成式 AI,團隊成員應該在會議前和會議中積極參與。例如,團

隊成員最好在詢問生成式AI之前,先花10至30分鐘獨自思考。有了自己的想法,在會議中就不會受到生成式AI的影響。[5] 在腦力激盪的過程中,團隊成員應該運用自己的判斷力、以及對情況的了解來選擇和評估想法。如果你是管理者,你的角色是確保這一點;例如,建議團隊成員識別可能過於常見或類似現有概念的想法,以免落入從眾思維的陷阱。

最後,在評估想法的可行性、相關性和潛在影響方面,要強調個人判斷力的重要。鼓勵團隊成員就AI生成的概念進行反思、對話,整合團隊的見解和經驗。在管理者的引導下,使初步想法逐漸轉化成更完善的概念。生成式AI的創造力可以與團隊的專業知識結合,想出更創新的解決方案。

## 重點摘要

要激發團隊創意,生成式 AI 這個助理可以幫你:

- **建立創意團隊**。生成式 AI 可以解析不同專案的人才需求,告訴你團隊成員所需的特定技能和角色,確保團隊組成的互補性,並為這些角色找到具備最佳技能組合的人才。
- **催生創意**。生成式 AI 能激發靈感,產生各式各樣的想法,並且提供不同的視角來突破創意瓶頸。

第 13 章
# 領導團隊

本章涵蓋團隊管理的三項任務,並使用生成式 AI 作為協思夥伴。分別是:**訂立團隊目標、設計高品質的工作內容**以及**解決衝突**。

如果你是管理者,必須以有意義的目標來激勵團隊,確保他們的工作品質。你還需要管理團隊衝突,用積極和有建設性的方式解決衝突。生成式 AI 可以透過提供指導、系統性的做法和具體步驟,幫你考慮和反思這些問題。

## 訂立團隊目標

確立清晰且令人信服的目標,有助於將一群人凝聚成

一支真正的團隊。琳達‧希爾（Linda Hill）和肯特‧萊因貝克（Kent Linebeck）認為，共同目標就像**「黏合劑，可以把一群個體黏在一起，培養集體意識，這是建立真正團隊的基礎。」**[1] 然而，為團隊設立目標常常是管理者面臨的一大挑戰。如果不夠真誠，即使講得慷慨激昂，也無法激勵士氣，再偉大的使命宣言看來都只是空話。真正的目標來自於幫助團隊成員了解自己對他人的影響，找到工作的熱情和動機。[2]

因此，讓生成式 AI 當你的協思夥伴，幫你訂立有說服力的團隊目標，讓團隊充滿動力，每個成員明白自己要做什麼，驅使他們採取行動。生成式 AI 可以：

- **引導有條理的反思**。你可以要求生成式 AI 做步驟指導，協助團隊成員深入探討團隊的意義與價值，闡述共同的目標宣言。
- **使團隊與公司目標連結**。要求生成式 AI 幫你和你的成員反思，團隊與公司整體目標如何才能形成有意義的連結。例如，「請提供三個公司目標[請自行指定目標]與

〔對話範例〕生成式 AI 是你的協思夥伴
## 訂立團隊目標

- **角色**：
生成式 AI 扮演在團隊互動方面有經驗的領導力教練。

- **場景**：
設定為一對多的互動。管理者和團隊成員一起思索團隊工作明確的共同目標。在對話過程中，由一個人（管理者或成員）當代表，輸入生成式 AI 系統的對話框。

- **對話大綱**：
  步驟1 AI 要求團隊簡述團隊任務、目標和組成。
  步驟2 AI 逐一引導團隊討論三個重要面向：策略抱負（「你們想要共同實現什麼願景？為什麼？」）、創造價值（「你們如何幫助服務對象達成更好的成果，改善他們的生活？」）、和集體影響力（「如何能夠在客戶或利害關係人之外產生影

> 響？」)。」
> 
> 步驟3 AI解讀團隊成員的意見，並做總結。管理者和團隊要對總結提供回饋。
> 
> 步驟4 AI找出可形成團隊共同目標基礎的線索。管理者和團隊要確認重點，或請求AI修改。
> 
> 步驟5 請AI建議一句簡短文案。把團隊的目標濃縮成幾個字。
> 
> - **製作提示詞：**
>   可至hbr.org/book-resources下載對話大綱的可編輯版本，依照需求修改，然後複製、貼到你選擇的聊天機器人中。

團隊工作[請自行指定工作]相關的例子」。反之，你也可以要求生成式AI解釋團隊的例行公事如何為組織的目標帶來貢獻。例如，「列舉團隊迄今為止的成就[請自行舉例]，幫助我們了解團隊如何為公司目標[請自行指定目標]做出貢獻」。

- **陳述團隊目標**。有條理且清晰的陳述有助於指引決策的方向，使團隊成員更願意積極投入工作。你可以要求生成式 AI 提供多種關於目標的陳述，以爭取團隊認同。

  👉 **試試看**：要求生成式 AI 根據重要標準來評估團隊目標[請自行指定目標]，比如是否真實、清楚、激勵人心。

## 設計高品質的工作內容

如果你是管理者，要面臨的挑戰就是定義團隊角色。這個任務對高品質的工作產出非常重要，不僅要讓工作內容有趣且多樣化，而且讓員工有所成長。其中包括給每位團隊成員明確的角色、提供建設性的回饋、賦予自主權、培養合作的環境，以及分配合理的工作量。這種平衡向來不容易實現。數十年來的研究顯示，工作內容設計不良容易使成員感受到壓力、不滿，讓他們想離職和生產力低落。但這可以透過創造有意義且可管理的工作內容來改變。

讓生成式 AI 成為你的協思夥伴，協助設計出能激勵

團隊的優質職務。[3]你可以要求生成式 AI 與你一起思考重要問題，例如：

- **自主行動力。**「幫我列出可能出現的警訊，像是不願做決定和頻繁尋求認可。」
- **工作量。**「幫我想想哪些好做法能改善團隊的工作量分配。」或「請告訴我，哪些早期、微小的職業倦怠訊號是我該密切掌握的。」
- **專精程度。**「請幫我了解團隊成員是否感到挑戰性不足，並建議能夠激勵他們的技巧或良好習慣。」
- **合作。**「幫我思考如何讓團隊成員參與決策過程。」
- **參與度。**「幫我思考團隊成員參與度下降的訊號；例如，退出討論、在會議中的參與度下滑。並且建議克服這些問題的行動方案。」

〔對話範例〕 生成式 AI 是你的協思夥伴
## 設計高品質的工作內容

- **角色**：
生成式 AI 扮演高品質工作內容的設計專家，能增進團隊成員的動機、福祉和績效。
- **場景**：
主要是一對一。管理者與機器一起思考如何設計，讓團隊工作更好。
- **對話大綱**：

  步驟1 請管理者解釋團隊的目標和工作範圍。同時指出兩個需要改進的主要領域。

  步驟2 AI 建議六個改進工作內容的設計理由，請管理者選擇一個主要理由。AI 接著請管理者解釋選擇的理由；然後，AI 詳細說明所選理由。

  步驟3 AI 根據所選理由推薦兩個工作內容設計原則；管理者可能會提出需要澄清的問題。關於設計原則，AI 可以提供更具體的例子。

> **步驟4** AI 就上述兩個工作內容設計原則，描述三個可行步驟，並提供具體範例；管理者需審查這些行動，排除在團隊或組織環境中不可行的想法。
>
> **步驟5** AI 利用表格做出摘要。AI 列出原因、工作內容設計原則、相關行動，以及每個行動需要避免的兩個做法；管理者提供最終回饋並核准表格。
>
> - **製作提示詞：**
> 可至 hbr.org/book-resources 下載對話大綱的可編輯版本（英文），依照個人需求修改，然後複製、貼到你選擇的聊天機器人中。

## 解決衝突

衝突是合作中無可避免且必要的一部分。團隊成員各有不同的觀點和利益，必然會出現意見分歧，而想要團隊長期擁有優質的績效表現，多元觀點是不可或缺的。不過，並非所有衝突都是健康的；性格衝突以及與工作內容相關的爭端如果不妥善管理，可能會損害團隊表現。無法

解決的衝突可能會嚴重破壞團隊士氣、生產力和關係。

解決衝突是管理者的關鍵技能，必須及時解決問題，確保所有團隊成員感到自己的意見受到重視和尊重。要有效處理衝突，可以從幾個方面著手：及時且公正的解決問題、用心傾聽所有觀點、找出根本原因、對事不對人、共同探索解決方案，並且持續追蹤，以維持互相尊重且有生產力的團隊環境。[4]

把生成式 AI 當成協思夥伴，可以幫助你了解衝突的來源，探索解決方案，為重要對話做準備，透過有效解決衝突來重建團隊凝聚力。你不妨利用生成式 AI：

- **了解衝突**。你可以請生成式 AI 幫你反省衝突的根本原因，提出像是「為什麼團隊成員會發生爭執」、「是否涉及組織層面的原因」，以及「是不是一再重複出現的模式」、「因為觀點不同，還是受到外部情況影響」之類與衝突緣由和背景有關的問題。基於你提供的背景資訊和數據，生成式 AI 可以更深入協助你進行調查。為了探究分歧的原因，可以請生成式 AI 辨別衝突背後更深層

的驅動因素，如價值觀不一致、公平性、溝通問題或處理過程的缺失，甚至包括你可能疏忽或最初沒考慮到的因素。

☞ **試試看**：要求生成式 AI「提出三個問題，幫我了解發生衝突[請自行指定事件]的原因」。

- **建議調解方法**。根據你確立的衝突情況和潛在根本原因，請生成式 AI 建議能有效解決問題的調解方法。如果溝通障礙是關鍵原因之一，生成式 AI 可能建議在中立環境下舉行面對面會議，讓每一個當事人都能表達自己的意見。如果因為價值觀不一致或不同觀點助長衝突，生成式 AI 可能建議採用富有同理心的傾聽方法，不帶評判立場去理解每一位成員的目標、利益和觀點。此外，生成式 AI 可以提出策略，設法把個人情緒轉移到問題本身，更客觀、理性的處理衝突，同時確定彼此一致和分歧的地方，有助於找到符合每一個人利益的解決方案。生成式 AI 還可以根據實際狀況和根本原因來研擬調解方

## 〔對話範例〕生成式 AI 是你的協思夥伴
## 解決衝突

- **角色：**
  生成式 AI 是專精於解決衝突和調解技巧的教練。
- **場景：**
  設定為一對一。管理者與機器一起反省如何用最好的方式處理衝突。
- **對話大綱：**

  步驟1 AI 請管理者描述衝突情況、涉及人員和可能原因。生成式 AI 請管理者說明迄今為止如何處理衝突，接著提供回饋。

  步驟2 AI 深入探討原因。一方面幫助管理者考慮可能的陷阱，一方面補充可採取的行動。管理者進一步闡述生成式 AI 的建議。

  步驟3 生成式 AI 建議三種可行的調解方法。管理者選擇其中一種方法，生成式 AI 進一步解釋如何應用，並提供具體範例。

> **步驟4** 生成式 AI 模擬所選的方法,讓管理者做出回應。
> - **製作提示詞:**
> 可至 hbr.org/book-resources 下載對話大綱的可編輯版本(英文),依照需求修改,然後複製、貼到你選擇的聊天機器人中。

法,提供有價值的指導,幫助管理者成功解決衝突。

☞ 試試看:請生成式 AI 比較兩種可能的調解方法,說明優缺點,並建議哪一種方法最適合你的情況[請自行指定事件]。

- **提供對話範例**。根據你選擇的調解方法,要求生成式 AI 提供對話範例,了解可以說什麼和怎麼說,藉此處理衝突。這些範例提供的用詞和敘述方式可以幫你有自信的討論敏感議題,有助於打破障礙、鼓勵開放溝通、觸及衝突核心。你可以要求生成式 AI 舉出與目前情況類似的

### 使用生成式 AI 探索和建立心理安全感

　　心理安全感是有效解決衝突的必要前提。團隊成員能安心發表意見、分享想法和表達關切，不必擔心負面後果，才能促進開放溝通、信任、合作和冒險精神。因此，你可以用有建設性的方式來處理衝突，而不是避免或壓制衝突。

　　要強化心理安全感，可以請生成式AI幫你：

- 熟悉主動傾聽、同理心和提供建設性回饋的概念。
- 提供情境範例、具體提示、以及培養日常互動心理安全感的常規做法。
- 列出可能損害心理安全感的現實生活情境，指出應該避免哪些常見的壞習慣。

例子和最佳做法。

> 👉 **試試看**：請生成式 AI 提供有助於解決衝突的對話範例，包括三個鼓勵開放對話的短語，讓參與者感到心理和情感上安全無虞，可以暢所欲言。

- **歸納調解方法**。你可以要求生成式 AI 引導你回顧。分享你應用某種調解方法的經驗，討論哪些方法容易實施，哪些具有挑戰性。請 AI 給你提示或建議，看未來如何將衝突處理得更好。

  > 👉 **試試看**：說明你如何處理衝突後，問生成式 AI：「有沒有我可以改進的地方？請解釋。」

我們已經討論如何讓生成式 AI 擔任你的協思夥伴，協助你領導團隊。現在，讓我們再來看生成式 AI 如何用嚴謹的方法幫助你和你的團隊討論和解決複雜問題。

## 重點摘要

就領導團隊而言,讓生成式 AI 擔任協思夥伴,可以幫你:

- 團隊能明確了解公司的目標和使命,並帶給團隊動力,驅使他們採取行動。
- 反思如何設計高品質的工作內容,以提高團隊的動機、福祉和績效。
- 了解團隊衝突的來源,探索調解方法。模擬如何解決衝突,重建團隊凝聚力。

# 第 14 章
# 解決共同的問題

本章涵蓋團隊管理的三項任務,並使用生成式 AI 作為協思夥伴。分別是:**釐清問題方向**、**找出根本原因**、以及**問題情境描述**。

每天,你和你的團隊都在處理各種問題。不幸的是,很多人在沒有徹底了解問題的情況下,就急於做結論。這會阻礙決策過程和創新。[1]管理者的工作是幫助團隊在嘗試解決問題之前,投入適當的時間和心力調查問題。生成式 AI 在決策前期尤其有幫助,但這個階段卻常被忽視。讓生成式 AI 成為協思夥伴,可以為待解決的問題建立框架,發現根本原因,還能運用敘事技巧來打動人心。

## 釐清問題方向

釐清問題方向雖然常遭到忽視，卻對有效做出決策極為重要，然而。要找到最佳解方，就必須提出最好的問題。所謂釐清問題方向，包括確認待解決的問題範圍、背景和觀點。這其實很有挑戰性，需要投入心力和適當的指導。將生成式 AI 當作協思夥伴，不但可以與你練習，還能幫助團隊更深入了解問題、精準定義問題。它可以：

- **解析問題**。我們在討論問題和可能的解決方案時，常會依賴經驗和直覺。雖然這樣做對於反覆出現的低風險問題可能很有效，但對於高風險、複雜和前所未見的問題比較沒有幫助。你可以要求生成式 AI 搜尋相關資料，找出可能出現的阻礙，並分析過去類似問題中的關聯性和模式，藉此按部就班的思考問題。這樣做有助於將對問題的了解建立在可觀察的事實和數據基礎上，做出更明智的決策。

- **避免盲目自信和偏頗思考**。生成式 AI 可以幫你超越已知（或你認為你知道的）的知識範圍，降低選擇錯誤、不

適當、或有偏見解決方案的風險。例如,「質疑我們目前的假設[請自行分享、連結或上傳],並幫助我們思考任何可能的盲點」。

- **考慮多重視角**。從不同的角度看問題,有助於發現不同的面向和見解,更全面的了解問題。你可以要求生成式AI模擬不同利害關係人的角色,提供他們對於這個問題的觀點,包括他們的利益、關注點和影響。例如,「幫我們考慮可能忽略的任何重要利害關係人,並解釋納入他們的理由」。
- **多元的問題切入角度**。要求生成式AI提供多種問題的切入角度,每一種都提供不同的觀點,這樣的多元視角為更多替代方案提供機會,能激發廣泛且重要的團隊討論,鼓勵成員挑戰原有觀點和擴展思維。透過分析這些不同的問題切入角度,你和你的團隊會更深入的思考問題的本質,確認在分析和後續解決方案開發過程中該排除哪些選項。

### 如何與生成式 AI 討論問題

　　首先，描述問題。包括背景和範圍、預期結果、關鍵角色，以及阻礙解決方案最主要的問題和限制。

　　然後，提出以下問題，引導 AI 和你的團隊展開有條理的討論。

**要求生成式 AI 質疑你和你的團隊：**
- 「有沒有忽略什麼地方？」
- 「還有什麼解釋也說得通？」
- 「有什麼證據支持我們的假設？我們還忽略什麼？」
- 「如果我們的主要假設是錯的，我們看待這個問題的方式會如何改變？」

**要求生成式AI提出不同的觀點：**
- 「請扮演其他利害關係人，告訴我們對方如何看待這個問題？」

- 「如果我們是競爭對手，我們該如何看待這個問題？」
- 「與我們觀點相反的人會如何評論這個問題？」

**要求生成式 AI 重新界定問題陳述：**
- 「思考問題和解決相關阻礙時，試著運用更有創意的方式來思考。有哪三種不同的角度可以重新界定問題？」
- 「不同行業或領域的公司會用什麼角度來看待問題？」

## 找出根本原因

在釐清問題之後，接下來就是診斷問題背後的起因。你可以請生成式 AI 充當策略思考顧問，引導你思考根本原因。你、你的團隊和生成式 AI 可以深究問題，層層剖析，找出可能的原因，最後聚焦於解決方案。它可以：

- **了解方法和技術**。請生成式AI幫你和你的團隊了解各種根本原因的分析方法，例如：「五個為什麼」、「魚骨圖」、「故障樹」等分析法。AI可以詳細解釋每一種方法，概述其流程、優勢和應用方法。此外，生成式AI可以透過真實的問題案例，幫你評估自己對這些知識的理解，讓你掌握分析根本原因的實用技巧。
- **套用選定的方法，分析根本原因**。請生成式AI引導你和你的團隊逐步執行某一種分析方法，將它應用在當前的問題上。一旦你描述問題，生成式AI就會一步步用有條理的方法協助你們思考問題。不過請記住，最終解決問題的仍是你和你的團隊。
- **生成圖表和故障樹**。請生成式AI利用其圖文整合能力（在支援多模態的模型中）產生有助於文本分析的圖表或圖像。例如，利用「石川分析法」生成魚骨圖，利用故障樹生成樹狀圖，或其他可能有助於了解和分析歸納原因的示意圖。

〔對話範例〕生成式 AI 是你的協思夥伴
## 找出根本原因

- **角色**：

  生成式 AI 充當問題分析專家，應用魚骨圖方法（也稱為石川圖）。*

- **場景**：

  這種對話是生成式 AI 與團隊（包括管理者）的一對多互動。這是團隊會議或工作坊的例子，生成式 AI 扮演專家並積極參與團隊討論。有些生成式 AI 模型還可透過語音對語音的功能進行沉浸式對話。

- **對話大綱**：

  步驟1 AI 請管理者描述團隊面臨的問題。請管理者提供有關團隊和公司的相關背景，AI 會詳細闡述並提出需要更進一步說明的問題。

  步驟2 AI 詢問管理者是否熟悉魚骨圖。如果不熟悉，AI 會用具體的例子來解釋。

  步驟3 AI 請管理者列出與問題相關的類別（例如：

流程、技巧、技術）。AI 提供三個被忽視的類別，管理者決定最終列表要包含哪些類別。

**步驟 4** 對於每個類別，AI 請管理者指出可能導致問題的根本原因。AI 對管理者的回答進行檢討，並整合被忽視的原因。

**步驟 5** AI 為每個根本原因建議可進行的調查計畫。管理者提供回饋、整合意見。

**步驟 6** 生成式AI就調查計畫做出結論。包括五個欄位：根本原因、處理方式、處理方式說明、利害關係人與預期結果。

- **製作提示詞：**

可至 hbr.org/book-resources 下載對話大綱的可編輯版本（英文），依照需求修改，然後複製、貼到你選擇的聊天機器人中。

＊Daniel Markovitz, "How to Avoid Rushing to Solutions When Problem-Solving," hbr.org, November 27, 2020, https://hbr.org/2020/11/how-to-avoid-rushing-to-solutions-when-problem-solving.
譯注：石川圖（Ishikawa Diagram）由日本學者石川馨於 1956 年提出，是品質管理中常用的七大基本工具之一，又稱因果圖、關鍵要因圖或魚骨圖。它用圖解方式說明特定事件或問題的各種可能原因。

### 生成式 AI 的發展 3：利用多個 AI 代理

　　研究顯示，AI 代理的數目愈多，生成式 AI 解決問題的能力就愈強。＊與其依賴單一 AI 模型，現在已有新興框架（如微軟的AutoGen）可利用多個 AI 代理，將複雜任務分解為可管理的步驟，以利用各種技能和自主問題解決能力。截至筆者撰寫本文時，想要利用多個 AI 代理來解決問題，仍需寫程式的技能，儘管大多數管理者可能不會寫程式，但因為生成式 AI 工具的快速發展，也許不久後，即使不會寫程式的人也能擁有這樣的技術。

＊Junyou Li et al., "More Agents Is All You Need," Cornell University working paper, February 3, 2024, https://arxiv.org/abs/2402.05120.

## 問題情境描述

　　說故事是一種強大的技能，有助於釐清問題和解決問題，因為故事能與人們的經驗和情感產生共鳴，這是制式分析工具做不到的事。透過故事呈現問題，更容易找出關鍵要素、挑戰和可能的解決方案。故事本身具有引人入勝的特質和易於記憶的特性，能有效溝通問題，激勵不同群體採取行動。生成式 AI 能使每個人都能掌握編故事的技巧，讓你可以從故事的角度去思考，針對各類聽眾調整故事內容，製作能完美融合文字、視覺效果及其他媒體的多模態故事。它可以：

- **將故事建構為「探險之旅」**。說故事是為了讓事情簡化，把問題界定為單一、最關鍵的問題（稱為「探險之旅」〔quest〕）來尋找解決方案。[2] 根據阿諾德・謝瓦里耶（Arnaud Chevallier）及其合著者的觀點，一場成功的探險之旅包含三個關鍵要素：主角、願望和阻礙。生成式 AI 可以幫你運用創意、不同情節線和故事元素來思考問題，還可以協助你釐清這個故事的主要探險目

## 如何利用生成式 AI 來探索問題

- **把問題視為一場探險之旅**。請生成式 AI 幫你從探險任務的角度去思考問題。你可以這麼問：「[請自行指定個人、團隊或單位] 如何在 [請自行說明情況] 的情況下，實現 [請自行指定目標]？」

- **不要嘗試一次就放棄**。把這個過程當作一個反覆循環、不斷優化的過程。不但要提出更多問題，也要分享回饋。要求生成式 AI 使用簡單易懂的術語，排除不必要的細節，一次以一種框架為主。

- **提出質疑和重新構思**。可以問生成式 AI：「為什麼這個任務可能不是最好的選擇？」或是「這個問題能拓展討論空間，還是反而忽略其他解決方式？」建議重新評估一些限制條件，或拆分成幾個小任務，每個任務各有其限制條件。

- **壓力測試**。界定問題之後，請告知其他利害關係人；蒐集新證據，質疑關於因果關係的假設，尋找盲點，並指出新的限制條件。如此一來，能為獲得

> 更多重要利害關係人的認同打下基礎。一旦他們認同這樣的框架,會比較願意一起參與解決方案。

標。你可以要求生成式 AI 幫你思考問題的本質,提出解決問題時可能會忽略的關鍵阻礙,將目標專注於正確的探險任務,順利解決問題。

- **為不同的聽眾調整故事**。功能不同的團隊可能有自己的專業知識、術語和背景,因此對同一個問題的陳述產生不同的理解。為了確保在解決問題的過程中,所有利害關係人都能清楚了解和認同,必須使用符合每一位聽眾的背景和習慣的語言來敘述問題。你可以要求生成式 AI 幫你思考如何針對個別聽眾[請自行指定對象]為問題[請自行指定問題]打造客製化的故事。

- **以圖像呈現故事**。生成式 AI 具有多模態的能力,可以整合多媒體,創造更有吸引力的故事體驗。例如,故事可能包括文字、照片、插圖或訊息圖表等視覺元素,以增強理解和參與程度。這屬於釐清問題階段和解決方案階

段（了解可能的解決方案及如何實行）。例如，要求生成式AI「幫忙思考如何把漫畫融入故事[請自行分享、連結或上傳]，以吸引聽眾[請自行指定對象]注意這個問題[請自行指定問題]」。

在第3部，我們說明生成式AI可以擔任你的助理，幫你管理團隊，協助團隊運作；也可以是你的協思夥伴，幫你解決團隊問題。現在，讓我們進入下一部，探討如何利用生成式AI來管理公司。

## 重點摘要

　　想要解決複雜的問題,可把生成式 AI 當成協思夥伴,幫助你和你的團隊:

- 思考問題的範圍、背景和關鍵視角。
- 對根本原因及其背後可能的原因,進行有條理的評估。
- 把問題轉化成一個引人入勝的故事,藉此促進與利害關係人的溝通,吸引他們積極參與。

第 4 部

# 企業管理

生成式 AI 透過助理與協思夥伴兩種模式，
協助管理者分析數據與市場，並參與策略制定與執行決策，
增進企業管理效能。

第 15 章

# 企業經營如何進化

　　如果你是管理者，執掌公司的重要部門，無論是整個單位、一條產品線、一條業務線或創新計畫。就你的角色而言，你面臨需要結合營運專業和戰略視野的多重挑戰。一方面，你需要分析數據來做出明智決策，提高成功機率；另一方面，你還得負責評估成長方案，發展有說服力的商業計畫，以及引導公司長期發展的戰略方案。生成式 AI 可幫你增強營運和戰略方面的能力。

　　讓生成式 AI 當你的助理，可以幫你處理耗時且資料密集的分析，節省時間。正如你可以使用生成式 AI 編輯和修改文字檔，你也可以利用生成式 AI 來分析數據。生成式 AI 能快速處理大型資料集，挖掘有價值的洞見來做

### 表 15-1　可利用生成式 AI 加強的企業管理任務

| | 助理 | 協思夥伴 |
|---|---|---|
| 第 4 部：<br>企業管理 | 數據分析<br>• 資訊搜尋<br>• 數據分析與視覺化<br><br>客戶洞察<br>• 研究設計與分析<br>• 合成研究 | 研擬商業方案<br>• 了解利害關係人的看法<br>• 權衡利弊<br>• 識別與降低風險<br><br>執行重要決策<br>• 制定商業策略<br>• 評估創新構想<br>• 評估供應鏈策略 |

決策參考。數據分析和客戶洞察通常是為後續任務準備的基礎工作，後續任務則將利用生成式 AI 作為協思夥伴，像是發展商業計畫或擬定策略。

　　這些都是需要思考和反省的複雜任務。過程中，讓生成式 AI 成為協思夥伴，可以幫忙考慮各個層面和結果。你可以要求生成式 AI 協助思考方法及問題，提供各種利害關係人的觀點，做出權衡取捨。如果你是財務經理，生成式 AI 可以從投資者的角度，找出投資者關心的公司績效重點；如果你是產品經理，生成式 AI 則可以成為評估

創新構想的思考夥伴；如果你是供應鏈經理，生成式 AI 可以幫忙找出新興趨勢，以及這些趨勢可能對營運策略造成什麼樣的影響。

在第 4 部前半部分，你將學習如何利用生成式 AI 作為助理進行數據分析（第 16 章）和客戶洞察（第 17 章），並附上可以實際操作的提示詞範例。在後半部分，你將學習如何讓生成式 AI 成為協思夥伴，幫忙制定商業計畫（第 18 章）和做出重要決策（第 19 章），你會看到如何建構對話大綱，以便與生成式 AI 進行有價值的對話，而且把你的大綱轉化為可立即執行的提示詞。

## 重點摘要

　　生成式 AI 的兩種模式皆可強化企業管理，包括用於數據分析和研究相關任務的助理模式，以及用於思考更多戰略選項和商業決策的協思夥伴模式。

- 生成式 AI 作為你的助理，支援數據密集活動（如數據分析、數據挖掘）和客戶研究，應用範圍從問卷設計到生成模擬真實數據的合成數據。
- 生成式 AI 作為你的協思夥伴，幫你思考複雜的商業情況。例如，為業務單位擬定策略，或評估技術趨勢對營運的影響。

# 第 16 章
# 數據分析

　　本章涵蓋企業管理的兩項任務,並使用生成式 AI 作為助理。分別是:**資訊搜尋**、以及**數據分析與視覺化**。

　　瀏覽搜尋結果的網頁或是在試算表中與複雜的公式纏鬥,可能讓你灰心,甚至影響生產力。想像一下,如果只需要跟搜尋引擎對話,要求搜尋引擎詳細說明你要查詢的資訊,或者告訴你試算表需要處理哪些資料,是不是輕鬆多了?透過生成式 AI,我們很快就可以找到答案、抓出重點、理解資料,把向來耗時的任務轉變為簡單的人機互動。將生成式 AI 視為具備資料科學專長的助理,可以幫你完成從分析到獲得洞見的整個過程。

## 資訊搜尋

　　所有管理者必須取得資訊，才能做出好決策。你還記得過去在圖書館翻找書籍的日子嗎？搜尋引擎和關鍵字觸發網路革命，做研究變得容易許多，而且更快。現在，生成式 AI 再次改變這個典範。管理者可以向生成式 AI 提問，獲得以自然語言呈現的詳盡資訊。這種方式既直觀又有效率，還可以提出後續問題深入探討。現在，不只網路搜尋可做到這點，管理者也可藉由生成式 AI 驅動的聊天介面，在搜尋公司內部知識庫時，獲得更多互動和個人化的體驗。生成式 AI 不只會找出內部文件或資料夾的連結，還能直接回答問題或是提供摘要。

　　將生成式 AI 當作助理，可以改變傳統上檢索資訊的方法，你可以利用它來取得：

- **網路知識**。與傳統瀏覽器整合時，你可以請生成式 AI 瀏覽網路資料，擷取重點，並於回應中直接標示出處。你可以提出複雜的問題，不只是使用關鍵字，還可把搜尋範圍縮小到特定來源，例如：新聞文章、產業報告或

### 務必查證引用來源的可靠性

生成式 AI 系統有一個明顯缺點，尤其在早期階段很明顯，也就是常會捏造引用、來源，甚至整個研究和論文都是子虛烏有。

為了因應這個問題，一些專門的生成式 AI 系統納入「謙虛」的護欄，這些機制讓 AI 識別並承認其局限性，明確表示找不到相關資訊或無法提供確切答案。這種方法有助於減少錯誤資訊，確保接收資訊的可靠程度和來源。然而，最終的檢查和驗證仍然是人類的責任。

另一個有用的策略是，在你的提示詞中加入「請不要捏造來源」等指示；雖然這個指示仍然無法完全消除風險。

YouTube影片。生成式AI不但可以瀏覽多個網站的資料，甚至能快速生成摘要，大大加快你的搜尋速度。

　　👉 **試試看**：請生成式AI就過去一年供應鏈管理技術[請自行指定技術]的最新發展做摘要，並把焦點放在優勢、挑戰和實際應用。請引用來自可靠來源[請自行指定來源]的重要研究和文章。

- **公司知識**。如果生成式AI連接到公司的內部知識庫，就能快速搜尋公司內部資料庫、文件和報告。除了提供來源或連結列表，還能歸納重點，並從現有資源找出其中的關聯和發現。管理者可輸入：「就這個問題[請自行指定問題]，過去嘗試過哪些解決方案？」生成式AI會根據已有的文件找出相關資訊，並將發現精簡為條列式的重點或短文。

　　👉 **試試看**：就技術面[請自行指定技術]的應用，要求生成式AI列出過去三年的相關項目，歸納做法上的共同點和差異。

👉 **試試看**：有關[請自行指定主題]，要求生成式AI找出過去一個月內與[請自行指定對象]分享的所有檔案。

👉 **試試看**：要求生成式 AI 找出你的同事[請自行指定指定]評論過的所有檔案。

- **專家知識**。你可以要求生成式AI把聊天紀錄和虛擬團隊討論中共享的大量訊息，轉化為有系統且易於使用的資源。如果你必須監督、參與某些專家社群或群組，共享大量有價值的知識，這一點會對你特別有幫助。你可以要求生成式AI依照副標將資訊歸類，並做總結。生成式AI可以辨識趨勢和廣泛討論問題，提供你可能想要聯絡或追蹤的活躍貢獻者名單。

## 生成式 AI 如何幫助社群管理者

每個組織都有專家社群或群組，由一群樂於分享知識、對某個主題懷抱熱情的人組成。如果你是社

群管理者，內建於軟體產品中的生成式 AI 模型（如 Microsoft 365 Copilot for Office 和 Google Gemini for Workspace）可以在很多層面上幫忙：

- **擷取對話**。要求生成式 AI 監控社群聊天內容，擷取其中最好的見解和學習內容。你可以在每週摘要或通訊中分享這些內容。
- **偵測主題**。要求生成式 AI 識別重複出現的主題、趨勢和問題，包括拆解對話，藉此了解上下文並對訊息進行分類。
- **整理知識**。指導生成式 AI 把識別出來的主題整理成有條理的表格。無論是撰寫知識庫文章、摘要報告或資料庫條目，AI 都可以加入重要見解和專家意見，快速供使用者參考。
- **提高查找方便性**。要求生成式 AI 將整理好的知識整合到公司內部知識庫中，使員工得以透過關鍵詞或主題輕鬆搜尋。
- **專家地圖**。建立主題與相關專家之間的連結。要求

> 生成式 AI 識別且標記在某個主題提供有價值見解的成員，以建立內部專業知識地圖。如此一來，特定主題或查詢結果可直接連結該社群中的專家。

## 數據分析與視覺化

　　管理者必須根據數據做出決策，但不是親自清理複雜的數據、分析和製作圖表。就像你使用生成式 AI 來編輯和修改文字檔，也可以把這些功能應用於數據分析。想像你與試算表即時互動，指示生成式 AI 為你執行任務。

- **數據的讀取和清理**。你可以要求生成式 AI 讀取數據，描述內容，執行初步檢查，像是找出遺漏的數值、空值，以及可能不正確的計算或公式；並且將資料整理成試算表的格式，以利分析。這麼做不只能節省時間，簡化資料清理 * 的流程，也可以提升數據分析的完整度和可信度。

　　👉 試試看：要求生成式 AI 描述資料集[請自行

分享、連結或上傳]的內容,然後要求生成式AI進行資料清理,包括移除重複項、將不同測量尺度上的數值標準化,以及修正變數分類不一致之處。

- **處理數據,找出重要發現**。要求生成式 AI 對你分享、連結或上傳的資料庫或試算表進行分析。無論是辨識趨勢、區隔市場、評估績效或計算各種指標,你都能透過文字或語音請求生成式AI給你答案。

  👉 **試試看**:要求生成式AI計算產品[請自行指定產品]的總銷售額。

  👉 **試試看**:要求生成式AI計算[請自行指定國家/地區]上一季的廣告總支出。

  👉 **試試看**:要求生成式AI按照三種人口統計學

---

＊編注:指將原始、雜亂的資料整理成乾淨、可用的狀態。現實中收集到的數據通常有問題,必須把有缺失的數值補充完整或直接刪除、識別或刪除極端值,解決資料格式不一致的問題。

〔實戰案例〕生成式 AI 是你的助理
## 簡化數據分析

莉娜是一家消費產品公司的行銷經理，她正在準備季度業務檢討報告。她手上有多個試算表的數據需要整理和分析。過去，她和團隊會花許多時間整理、準備和分析數據；現在，由於整合生成式AI與試算表軟體，他們有了寶貴的助力。

生成式AI可以合併資料集，檢查遺漏或不一致的數值，整理出一個乾淨、整合過的版本，方便後續進行有系統的分析。莉娜和她的團隊可以與整合的資料集互動，要求生成式AI找出重要趨勢，擬定業務檢討報告必須包含的重要訊息。

莉娜和她的團隊還可以要求生成式AI用圖像呈現季度數據。生成式AI推薦兩種類型的圖表，莉娜可選擇其中一種，交由生成式AI製作圖表。

特徵[請自行指定分類]為客戶資料做分類。

- **將數據轉化為圖表**。你可以要求生成式AI用特定格式處理數據；例如，「生成一張長條圖，顯示上一季的產品營收，並按地區分組」。生成式AI不只能加速圖表製作，你還可以要求它提供呈現數據的最佳建議，包括最有效的圖表類型和設計，如配色、字體和大小，這些都能使圖表更具洞察力和說服力；例如，「哪一種配色方案和設計最一目了然」。

    ☞ **試試看**：要求生成式AI建議適合傳達資料[請自行指定資料]的三種數據圖表。然後，請求AI推薦最合適的選項，並說明理由。

    ☞ **試試看**：問生成式AI：「為了讓[請自行指定資料]最重要的發現更引人矚目，這張圖表應該強調哪些數據？」

    ☞ **試試看**：要求生成式AI為特定觀眾[請自行指定對象，如技術專家、高級主管、全公司的人]量身打造圖表內容。

## 檢查生成式 AI 的輸出結果

儘管生成式 AI 的數據分析已經相當先進,還是必須提高警覺。AI 確實會出錯,因此你必須提醒團隊定期驗證輸出結果是否準確。

根據分析的複雜程度、相關風險和必要的控管標準,可以在不同層級進行驗證:

- **機器檢查。**要求 AI 重新評估輸出結果,凸顯可能有異常或不一致之處。儘管生成式 AI 不一定能識別錯誤或自我糾正,但這種做法有助於你養成質疑 AI 的習慣。
- **個人檢查。**自問 AI 生成的結果是否看起來邏輯連貫,或者是否有異常值或數據不一致的地方。
- **團隊檢查。**安排時間讓團隊成員一起審查,用批判的眼光評估 AI 輸出結果,要特別注意是否考量各種專業知識和觀點。
- **回顧分析。**任務或專案完成後,進行小型會議,檢

> 討錯誤，以及下次如何及早發現。另外，記錄最有效的提示詞和指令，進而帶來高品質的輸出成果。

- **傳達數據的意思**。要求生成式 AI 為圖表編寫文字敘述、說明或簡單解釋。生成式 AI 為你的圖表添加敘述，可以把枯燥的數據轉化為更具說服力的內容。這種數據敘事富含更多的訊息，也更吸引人。

    👉 **試試看**：問生成式 AI「這張圖表最重要的訊息是什麼？請用兩句話總結」。

    👉 **試試看**：問生成式 AI「我可以提出哪些問題來引導觀眾深入思考數據，激發他們探索數據背後的意義」。

    👉 **試試看**：要求生成式 AI 以一種能與觀眾 [請自行指定對象] 產生共鳴的方式，建構圖表的重要見解。

雖然作為助理的生成式 AI 可以提高數據分析和製作

## 如何與試算表對話

一旦你上傳想要分析的資料集,生成式AI可以回應各種類型的請求,例如:

- **排名**。「標出營收欄位中前五高的數值,以及產品銷售量欄位中最高的數值,找出表現最佳者。」
- **排序**。「將計畫按照從大到小的規模分組,找出優先處理的重點。」
- **過濾**。「過濾銷售數據,只顯示在[請自行指定地區]的交易。」
- **計算**。「增加一個欄位,用來計算每個行銷活動的獲利總額,以評估投資報酬率。」
- **確認趨勢**。「分析包含[請自行指定資料]的資料集,找出重要趨勢。重要趨勢是指[請自行指定標準;例如,時間變化的規律、或變數之間的關係]。」
- **樞紐分析**。「建立一個樞紐分析表,繪製各類別隨

> 時間變化的銷售情況，並顯示每項服務的總銷售額，以利從中辨識市場趨勢和服務績效。」
> - **模式辨識。**「尋找過去兩季的購買行為模式，供行銷策略參考。」
> - **敏感度分析。**「對價格變動進行敏感度分析，了解價格變動對銷售量和利潤空間的影響。」

圖表的效率，但它不是萬靈丹。儘管你可以在幾秒鐘內獲得公式欄位的建議，但這些建議不一定適用或是與你的狀況相關。例如，生成式 AI 計算出來的客戶滿意度可能無法反映不同行業標準的衡量方式。生成式 AI 是很好的輔助工具，但要獲得有意義的結果，始終需要人類的批判性思考、專業知識、以及整理資訊的能力。

我們已經說明如何利用生成式 AI 這樣的輔助工具進行數據分析，接下來將探討它如何透過傳統客戶研究和生成式 AI 所帶來的創新方法，即「合成研究」（synthetic research），來幫助我們獲取客戶洞察。

## 重點摘要

關於數據分析,把生成式 AI 當作助理使用,可以幫助你:

- 用簡單易懂的語言與機器對話,從網路或內部知識資料庫中搜尋資訊。
- 分析試算表,找出趨勢和模式,並以清楚易懂、吸引目光的圖表來呈現。

# 第 17 章
# 客戶洞察

　　本章涵蓋企業管理的兩項任務,並使用生成式 AI 作為助理。分別是:**研究設計與分析**以及**合成研究**。

　　成功的管理者會深入了解客戶需求,比任何人更能滿足這些需求。他們直接與客戶交談,或透過問卷調查蒐集客戶意見。他們觀察客戶使用產品的情況,與客戶互動。生成式 AI 則可以幫助任何管理者設計和準備著手進行客戶研究,協助解釋數據,提出重要結論。若傳統方法做不到,或客戶研究資料難以蒐集,AI 也可生成「合成用戶數據」(synthetic user data),在早期階段測試想法。

## 研究設計與分析

生成式 AI 當作助理,可以透過不同的方式提高數據蒐集和分析的效率:

- **建立調查問卷**。你可以要求生成式 AI 設計訪談架構和題目,建議如何改善抽樣方法。根據目標和特定受眾,生成式 AI 還可以提供更客製化的調查體驗。

    ☞ **試試看**:要求生成式 AI 起草一份包含十個選擇題的調查問卷,以有效測量研究報告[請自行指定報告]中的重要問題,如客戶體驗、產品品質和再購買意願。

- **分析質化研究資料**。要求生成式 AI 對你分享、連結或上傳的結構化和非結構化數據\*進行分類、分析和解釋。像是客戶訪談紀錄、產品評論和社交媒體評論。AI 可以

---

\*以自由文本回應的形式,也就是允許客戶用自己的文字自由表達想法,而不是從預先設定好的選項中選擇。

> **生成式 AI 的發展 4：即時互動式問卷調查**
>
> 　　這種新穎的方法將使受訪者能夠與 AI 聊天機器人互動。機器人會根據先前的回答調整問題，為每位受訪者提供量身打造的調查體驗，不需透過電子郵件或網站來進行調查。這種方法可結合焦點團體討論的豐富資訊，以及自動化調查的效率，可說將數位產品的即時客戶回饋蒐集提升到新的層次，幫助我們更了解客戶參與度、流失率或產品數位體驗的問題。

識別模式，凸顯其中呈現的偏好或一再出現的問題，甚至能評估文辭中的情感和情緒語調。

　👉 **試試看**：如果你或你的團隊已經進行過一系列的客戶訪談，要求生成式 AI 針對每個受訪者用兩個重點來總結訪談，並了解受訪者觀點的異同。

　👉 **試試看**：要求生成式 AI 分析過去一段時間

[請自行指定時間]收到的所有產品評論[請自行分享、連結或上傳]，然後進行分類，並根據重複出現的關鍵詞歸納出主要模式。

在考慮進行客戶研究的相關計畫時，請記住，若使用生成式 AI 來處理公司或客戶的數據，務必遵守公司政策。

### 如何利用生成式 AI 分析客戶回饋

生成式 AI 可以協助管理者分析處理文本時發現的主觀資訊。

請試著與 AI 分享一份文件（例如，過去十天所蒐集與新產品相關的社交媒體貼文），並要求它：

- 清理資料以便分析；如移除標籤、標記和符號，並修正錯字。
- 將每條推文的情緒分類為正面、負面或中立。同時，提供每個情緒類別的百分比分布。

- 分別列出正面、負面和中立推文中最常出現的十個關鍵字。
- 解釋每個類別中已識別的詞語如何影響情緒。
- 提供摘要,包括任何相關的客戶建議。

然而,如果是高度專業的文本,其中包含許多複雜的細微差異,如技術產品評論或詳細的客訴,專業的進階情感偵測工具將提供更好的結果。

### 客戶洞察中的人為因素

挖掘深度洞察時,人類還是占有優勢。這不是光靠技術能做到的事,不要靠機器解讀複雜的細節、理解情境的微妙變化,或做出需要專業知識和情商的判斷。

## 合成研究

　　高品質的數據對於創新及提供以客戶為中心的產品或服務來說非常重要。然而，在真實世界中，存取數據面臨挑戰，可能遇到像是隱私保護、法規遵循、數據中可能存在偏見、以及取得不易等問題。

　　如果管理者無法接觸客戶或某些市場區塊，蒐集不到所需的數據，該怎麼辦？

　　生成式 AI 可以提供幫助。AI 能創造模擬真實客戶特徵與行為的人工客戶數據（包括文字、表格或圖像等形式），這些數據可以當成真實客戶數據的替代方案。

　　這樣的「合成數據」在產品開發和測試上的應用日益廣泛。生成式 AI 可以從真實數據學到的模式和關係，建構模擬的合成客戶群體，可測試像是某些類型的客戶對於新產品功能的反應。

　　你可以要求生成式 AI 模擬客戶對服務價格變動的反應，了解從潛在市場可能得到的回饋，或者測試哪些特徵的客戶會被新產品吸引。這對研究構想的初期探索、試驗和測試階段很有幫助。

### 不同類型的合成數據

- **完全合成**。由 AI 演算法根據預先定義的參數生成，不需輸入真實數據。這種類型適用於數據很難找到、甚至無法取得的情況。例如，你的團隊正在研究一種用於治療某種罕見疾病的新藥。如果沒有足夠的真實世界數據來了解藥物如何與人體相互作用，生成式 AI 可以建立一個合成資料集來進行模擬。
- **部分合成**。由 AI 演算法混合真實數據和合成數據。當真實數據不夠多或有一些限制（例如：雜訊、錯誤、空白）時，這種做法很有用。比如利用真實圖片生成的人工生成圖像，或針對購買紀錄較少的顧客提供的客製化推薦。

👉 **試試看**：要求生成式 AI 依照你定義的顧客樣貌[請自行分享、連結或上傳]，在[請自行指定地區]扮演你的顧客[請自行指定條件]，並在各種條件下[請自行指定條件]模擬顧客對產品功能變化[請自行指定功能]的反應。

👉 **試試看**：要求生成式 AI 對於合成的顧客群體測試不同版本的廣告內容，在廣告[請自行分享、連結或上傳]正式推出前，找出能夠引起目標顧客共鳴的內容。

👉 **試試看**：要求生成式 AI 針對兩個顧客群體[請自行指定群體]，模擬他們在使用你們的電商平台時，對全新結帳流程介面大改版的反應。

👉 **試試看**：請生成式 AI 進行模擬，相較於競爭對手[請自行指定對象]，哪些無形的因素最有可能讓顧客[請自行指定群體]與你的品牌建立長遠的關係。

〔實戰案例〕生成式 AI 是你的助理
**善用「模擬客戶」的合成數據**

　　某家大銀行的產品團隊利用生成式 AI，建立能夠模擬人類行為的合成目標客群。

　　這支團隊使用 AI 生成的模擬客戶數據，測試對新產品和服務的反應，以及客戶最期盼的功能。在傳統方法效果不佳或客戶研究資料難以取得的情況下（如遭受自然災害、詐騙或家庭成員過世等不幸的情況），這種方法特別有效。

　　生成式 AI 可以透過合成數據，協助產品團隊了解真實環境中的客戶如何應對環境變動或意外的財務挑戰，當作產品創新的參考。

　　合成研究可應用於各個領域，像是市場研究和數據分析、軟體測試（主要用於找出錯誤和缺陷）、以及產品開發和測試；然而，還能做更多的研究。某些領域需要大

量的計算資源和計算能力；再者，也不是每個管理者都擁有進階技能和專業知識。比方說 AI 可以生成大量語音樣本，用於訓練語音辨識模型，或是產生數千個虛擬的詐騙案例，以提升用於偵測詐騙的 AI 模型效能。

無論你的專業知識如何，都需要了解合成研究能幫忙做什麼，以及使用生成數據的風險，包括不準確、偏見和其他倫理方面等問題。

本章和前一章說明生成式 AI 成為助理時如何幫你分析數據以及獲得客戶洞察。這些工作有助於開發商業案例或執行重要決策，請見下一章的解析。

### 重點摘要

對於客戶洞察，生成式 AI 身為助理，可以幫你：

- 提高研究設計的效率；例如：問卷製作和客戶回饋數據分析。
- 生成模擬真實客戶或用戶特徵的合成數據。

第 18 章
# 研擬商業方案

　　本章涵蓋企業管理的三項任務，並使用生成式 AI 作為協思夥伴。分別是：**了解利害關係人的看法、權衡利弊、以及識別與降低風險**。

　　三項任務合併起來，就是每個商業方案的重要組成部分。一個有說服力的商業方案會針對某個需要解決的問題（商業需求），講述一個令人信服的故事，明確指出受影響的各方人士，最後提出可行的解決方案。

　　今日商業世界詭譎多變，具有四個特點：易變性（Volatility）、不確定性（Uncertainty）、複雜性（Complexity）和模糊性（Ambiguity），簡稱為「VUCA」。擬定一個有說服力的商業方案變得愈來愈具

有挑戰性。[1]首先，你需要了解不同利害關係人的看法，包括股東、客戶、員工和監理機構；其次，你必須仔細評估眾多需要優先處理的事項，從創新到環境責任都必須加以權衡取捨；最後，你必須管理和降低風險，如市場波動、法規變更、技術進步等。

讓生成式AI成為你的協思夥伴，幫你思索不同利害關係人的觀點，評估艱難的取捨抉擇，評估並降低風險，確保你的商業方案在這個變幻莫測的世界中不容易出問題。

### 了解利害關係人的看法

在建立商業方案時，利害關係人的看法非常重要。然而，在處理複雜的商業問題時，如永續發展、數位轉型或併購，管理者可能忽視（或沒有時間考慮）所有利害關係人的看法和需求。實際上，考慮所有利害關係人的看法，可以確保他們關切的事項在決策時會被納入考量。[2]

生成式AI擅長扮演各種角色，發現可能被忽視的看法。讓AI模擬不同的利害關係人，使你更了解整個生態

系統，幫你採取更周全且資訊充分的方法來處理複雜的難題，進而提升合作計畫與決策品質。

〔對話範例〕生成式 AI 是你的協思夥伴
**了解利害關係人的看法**

- **角色**：

  生成式 AI 可以扮演專家，從多方利害關係人的角度進行整合分析（例如，供應鏈內各方如何導入循環經濟概念）。

- **場景**：

  管理者與生成式 AI 進行一對一互動。與 AI 完成對話後，管理者應該在真實世界繼續檢討、與人面對面交流，以蒐集真實利害關係人的回饋意見。

- **對話大綱**：

  步驟1 AI 請管理者提出問題及需要參與的外部利害關係人清單。公司可能無法單獨解決這個問題。

  步驟2 AI 建議其他三個可能被忽視的利害關係人；

管理者提供回饋，驗證修訂後的利害關係人清單。

**步驟3** AI 製作一個包含以下四個欄位的表格。包括利害關係人、他們的需求、未解決的痛點、以及相關的根本原因。生成式 AI 尋求管理者的回饋，在必要時加以整合。

**步驟4** 生成式 AI 請管理者選擇三個最重要的利害關係人。AI 為所選的利害關係人指出三個危險徵兆和補救行動。管理者提供回饋、審查和驗證。

**步驟5** 生成式 AI 建議三個立刻可行的行動。管理者開始和該領域被選出的每個利害關係人接觸。

- **製作提示詞：**

可至 hbr.org/book-resource 下載對話大綱的可編輯版本（英文），依照需求修改，然後複製、貼到你選擇的聊天機器人中。

## 權衡利弊

幾乎每個商業決策都是困難的選擇。這些決策通常要求管理者有所取捨，通常沒有雙贏的解決方案。因此，你必須進行權衡取捨，也要向利害關係人解釋。這並不容易，要這麼做取決於多項條件，如金錢、時間範圍，也可能需要協調公司或內部各方的利益需求

讓生成式 AI 當你的協思夥伴，幫你應付這種複雜的情況，無論是評估各種方案，還是用有說服力的方式傳達決策。生成式 AI 可以：

- **考量各種條件。** 在做決定之前，可請生成式 AI 幫忙評估不同選項的利弊。生成式 AI 還可以建議各種條件之間潛在的權衡取捨，如短期與長期、品質與速度、創新與效率。

    ☞ **試試看**：請生成式 AI 幫你考量內部開發新技術產品[請自行指定產品]與外部開發公司技術合作的利弊。

    ☞ **試試看**：請生成式 AI 幫你考量[請自行具體

說明，例如成本、保鮮期、客戶偏好、耐用性]在環保包裝與傳統包裝之間[請自行具體說明]的權衡取捨。

- **說明決策的理由**。一旦做出決策，通常需要向他人解釋你的選擇，像是你的團隊、上級、合作夥伴或客戶。為了準備和他們對話，可以請生成式 AI 幫忙闡明和表達你如何做決定，以及為什麼。在進行權衡取捨時把理由解釋清楚，有助於讓利害關係人了解你的目的。[3]

    👉 **試試看**：請生成式 AI 將你的理由[請自行說明理由]分解為三個清晰易懂的重點。

    👉 **試試看**：請生成式 AI 幫你闡明與公司目標相關的理由[請自行說明理由]。

    👉 **試試看**：請生成式 AI 針對他人可能對你的決定[請自行說明決定]提出的問題，準備簡明扼要的答覆。

〔對話範例〕生成式 AI 是你的協思夥伴
**權衡利弊**

- **角色：**
生成式 AI 扮演複雜商業決策專家。
- **場景：**
設定為管理者與生成式 AI 的一對一互動。
- **對話大綱：**
步驟1 AI 請管理者說明決策時遭遇什麼困難，以及正在考慮的解決方案選項。AI 詳盡釐清相關內容。
步驟2 AI 請管理者解釋每個解決方案的優缺點。AI 進一步闡述並整合其他可能被忽視的優缺點，管理者再提供回饋。
步驟3 AI 用表格總結每個解決方案的優缺點。
步驟4 AI 根據表格，建議兩項最重要的取捨。管理者可評論，並選擇其中一項；然後，AI 模擬在不同情境下可能發生的情況，包括潛在影響和可能產生的後果。

> **步驟5** AI 提出三個問題和相關調查。管理者進一步評估如何取捨。
>
> • **製作提示詞：**
> 可至 hbr.org/book-resources 下載對話大綱的可編輯版本（英文），依照需求修改，然後複製、貼到你選擇的聊天機器人中。

### 識別與降低風險

很多產業在思考如何因應商業環境的複雜多變。由於幾乎每一個策略計畫都會面臨多重風險，不得不妥善處理。領導人應該積極的為計畫繪製風險圖，事先掌握所有潛在的脆弱環節。

生成式 AI 是你的協思夥伴，它可以透過不同方法幫忙識別和降低風險，生成式 AI 可以：

• **繪製風險圖並進行評估**。無論是市場變化還是環境挑戰，說明你目前面臨的困難。之後可以要求生成式 AI

幫你思考一系列可能的風險。你挑選需要進一步分析的風險，利用生成式 AI 從案例及可能發生的影響提出建議，模擬這些風險在不同情境下的變化。一旦繪製出風險圖，生成式 AI 可以歸納討論內容，提出減輕風險的方法，透過風險矩陣把評估結果做成圖表；例如，「引導我建立一個風險矩陣，根據已識別風險的發生機率和潛在影響進行分類」。

〔對話範例〕生成式 AI 是你的協思夥伴
**識別與降低風險**

- **角色**：

生成式 AI 扮演創新管理專家，利用莉塔・麥奎斯（Rita McGrath）和伊安・麥克米蘭（Ian MacMillan）的「發現驅動型規畫」（discovery-driven planning）等框架，為不確定性高的專案降低風險，儘早從可能發生的錯誤中學習，以免付出昂貴的代價。\*

- **場景：**
  對話場景可以是一對一（管理者與生成式 AI 對話），也可以是一對多（加入其他團隊成員）。在一對多的場景中，團隊按照一定順序與生成式 AI 進行對話，能有更多時間停下來反思。

- **對話大綱：**

  **步驟1** AI 要求管理者提供專案背景和風險的初步假設列表。生成式 AI 修改此列表，指出潛在的假設，並提出管理者在初步列表中可能忽略的其他假設。然後管理者對這些修改提供回饋。

  **步驟2** AI 根據管理者的回饋和確認，添加或刪除列表中的假設，並加以調整。

  **步驟3** AI 提出三項評估標準，優先考慮最關鍵、需要第一個進行測試的假設。管理者再對提出的標準提供回饋。

  **步驟4** AI 建議如何驗證最重要的幾個假設。管理者再對這些建議提供回饋，要求進一步說明細節。

  **步驟5** AI 歸納一套驗證計畫。AI 詳細說明要測試

> 哪些假設，依照什麼順序以及如何測試；管理者提供回饋，包括修改或補充，並確認計畫。
>
> 步驟6 AI 解釋它能如何具體幫助管理者驗證假設。根據 AI 對假設的驗證，管理者可以返回檢查列表（步驟2）。隨著對假設有更多的認識和見解，無論是證實或推翻假設，皆能反覆修改或調整方向。
>
> - **製作提示詞：**
>
>   可至 hbr.org/book-resources 下載對話大綱的可編輯版本（英文），依照需求修改，然後複製、貼到你選擇的聊天機器人中。
>
> \*Amy Gallo, "A Refresher on Discovery-Driven Planning," hbr.org, February 13, 2017, https://hbr.org/2017/02/a-refresher-on-discovery-driven-planning.

- **降低專案風險。**如果你對專案的假設沒有任何質疑，專案失敗的風險就很容易升高。為了確認最重要的假設，你可以要求生成式 AI 不斷的質疑並提出改善建議，指出盲點，並提供驗證方法（如控制實驗或模擬）。

- **模擬情境**。要求生成式 AI 模擬多種情境。例如，詢問生成式 AI：「幫我探索三個『假如……』的情境，對我的重要假設[請自行指定假設]進行壓力測試。」如果某些假設是成功的關鍵，這一點尤為重要；萬一這些假設被證明有誤、或是不足，可能會危及整個計畫。利用生成式 AI 進行模擬，可以深入了解可能的結果。這個過程不只能幫你識別潛在弱點，還能幫你思考替代策略，修改原始假設，為各種意外情況做準備，做出更明智的決策。

由於你與生成式 AI 討論你正在考慮的解決方案選項，了解有哪些機會和風險，以及重要利害關係人的觀點為何，因此你應該更知道如何著手擬定商業方案。

在本章，我們說明身為協思夥伴的生成式 AI 如何增強策略思維，幫你擬定一個穩健紮實的商業方案。現在讓我們進一步了解生成式 AI 如何幫忙做出重要決策。

## 重點摘要

　　如果要擬定一個周全的商業方案，生成式 AI 身為協思夥伴，可以幫你：

- 了解各利害關係人的觀點、需求和疑慮。
- 應對權衡取捨的複雜情境，從評估替代方案，到用令人信服的方式傳達決策。
- 考量各種風險，回頭檢視你的重要假設，並透過不同情境的模擬來進行測試，進而降低風險。

## 第 19 章
# 執行重要決策

本章涵蓋三項企業管理的任務，並使用生成式 AI 作為協思夥伴。分別是：**制定商業策略、評估創新構想**、以及**評估供應鏈策略**。

如果你是新上任的管理者或中階主管，制定策略可能不是你的工作。然而，隨著你在組織中晉升，公司會期待你具備策略思考的能力，而且會依循公司策略目標，審慎的做出抉擇。為了做到這一點，你必須提出更高層次的問題，考量每一個行動帶來的影響，並且質疑常見的假設或信念。

將生成式 AI 當作協思夥伴，有助於你磨練策略思考的能力，支持你制定或質疑自己團隊、部門的策略。

## 制定商業策略

　　無論你正在進行的是業務模式的創新,或者創建新的業務部門,都必須評估新市場、地域、產品或服務供應等機會,還有你面臨的威脅和應對能力。你的策略應解釋公司將如何超越競爭對手,鞏固在業界的地位。這涉及規劃組織需要發展的能力,以及為了實現目標所需的管理系統。因此,你採取的分析方法非常重要。如果你認為制定策略只是一個練習,那就永遠只會是紙上談兵。真正的策略不是表面功夫,必須深入探究,每一個選擇都有其目的;你會選擇某些路徑,刻意放棄其他的路徑。了解你將提供什麼個人獨特價值,才能在競爭激烈的環境中脫穎而出。[1]

　　將生成式 AI 當作協思夥伴,可以指導你制定策略。你可以要求生成式 AI 擔任策略思考顧問,幫助你建構思維,激發更好的想法,找出你可能沒考慮到的因素,並反省哪些能力是策略上的助力、哪些是阻礙。

〔對話範例〕生成式 AI 是你的協思夥伴
## 制定商業策略

- 角色：

生成式 AI 充當制定策略的專家，可利用羅傑・馬丁（Roger L. Martin）的「五個問題框架」。*

- 場景：

管理者與生成式 AI 一對一互動。然而，在最後一步，生成式 AI 建議管理者與其他同事分享策略，以獲取不同的觀點並質疑各步驟的策略假設。接著，生成式 AI 建議管理者在收到回饋之後，重新開會，並以反覆修正的方式繼續對話。

- 對話大綱：

步驟1 AI 請管理者概述商業策略及更廣泛的目標。AI 協助詳細說明成功願景，以及如何用關鍵成果來衡量成效。

步驟2 AI 提出以下問題，幫助管理者思考如何選擇「戰場」；例如，「在這個市場中，公司最有前景

的機會在哪裡？」、「哪些產業和市場區塊最有吸引力，為什麼？」生成式 AI 可以進一步將想法表達得更清楚、更完整，補充原本沒注意到的機會。

**步驟 3** AI 要求管理者提供主要競爭對手及其策略、產品的訊息。AI 幫助管理者找出自家公司能脫穎而出的獨特價值（如何擊敗對手），還可提出其他觀點、模式或類比，激發策略創造力和價值創新；管理者再提供回饋。

**步驟 4** AI 建議考量一些能力（如資產、專業知識、人才、知識、市場進入能力〔market access〕、人脈等）。基於公司狀況，AI 與管理者討論這些能力在策略執行方面的關鍵角色。若管理者所需的必要能力不足或窒礙難行，生成式 AI 能協助管理者重新審視在「哪裡出擊」和「如何獲勝」，進而反覆思考策略。

**步驟 5** AI 協助評估所選策略必要的系統、組織結構和各項管理措施。AI 還能幫忙考慮可能出現的障礙和需要降低的風險；管理者提供公司系統的背景資

> 訊，說明這些系統是否能協助實施策略，或者是否需要修正。
>
> **步驟6** AI將整個對話歸納為一個五列表格；內容包括願景、競爭場域、致勝之道、能力和系統，同時建議實行策略的路徑；管理者則分享最終回饋和評論。
>
> - **製作提示詞：**
> 可至 hbr.org/book-resources 下載對話大綱的可編輯版本（英文），依照需求修改，然後複製、貼到你選擇的聊天機器人中。
>
> \* Roger L. Martin, "Five Questions to Build a Strategy," hbr.org, May 26, 2010, https://hbr.org/2010/05/the-five-questions-of-strategy.

除了讓生成式AI扮演策略思考顧問的角色，就你目前面臨的策略挑戰，你還可以要求AI積極參與討論。[2]讓團隊與這樣一位虛擬策略專家合作，有助於進行更多的實驗和創新。

### 生成式 AI 的發展 5：多個 AI 代理進行討論

生成式 AI 除了解決問題（見第 14 章），多代理系統（multi-agent systems；一組能夠互動、溝通、共享訊息並一起工作的 AI 代理）為策略討論帶來令人興奮的想像空間。

例如，生成式 AI 模擬高階主管團隊對公司進軍新市場的計畫進行討論。每一個 AI 代理可憑藉其獨特的專業知識和能力，代表像是高階主管、專家、外部利害關係人等特定角色，以專業知識和洞察力為策略討論做出貢獻，質疑假設，還能提出解決方案。

在策略討論中，使用 AI 代理可以：

- 用多元觀點充實討論內容。
- 使人們得以預見潛在隱憂，在早期制定策略的階段就發現衝突和權衡取捨。
- 如果是管理者不願直接與高層主管討論的策略議題，或在其他主管無法參與時，可與 AI 代理一同

- 模擬可能出現的反應、異議和問題,協助準備有說服力的策略提案或報告。

　　請記住,雖然 AI 可以成為有用的思考夥伴,但就商業策略而言,最終做決定的仍是你和你的團隊。

## 評估創新構想

　　持續創新是企業成長的關鍵。管理者不但要了解創新的必要性,同時也必須以嚴格的紀律和謹慎的態度來管理創新計畫和流程,如此才能有效利用有限的資源。在做出決策和投資之前,用一個系統化流程來評估新構想(如產品、服務或解決方案)是很重要的。

　　你可以請生成式 AI 幫你和你的團隊思考關於創新構想的重要問題。生成式 AI 幫你闡述答案、尋找佐證,或是故意提出異議,指出弱點和欠缺之處。

〔對話範例〕生成式 AI 是你的協思夥伴
## 評估創新構想

- **角色：**
生成式 AI 扮演創新管理專家，利用完善的框架來篩選創新構想；例如，市場導向策略之父喬治‧戴伊（George Day）提出的決策框架：「這是否可行？我們能取勝嗎？這值得做嗎？」*

- **場景：**
管理者與其團隊進行一對多互動，最好是讓不同部門的同事（包括研發、行銷和製造等）都來參加。

- **對話大綱：**

**步驟1** AI 要求管理者分享需要評估的創新構想。AI 提出具體問題以提高理解程度；管理者則必須回答，提供更多細節。

**步驟2** AI 針對該創新構想的市場吸引力，提出一系列的問題（「是否真的可行？」），進而啟動整體的策略討論。例如，考慮諸如「這個產品是否有市

場需求？」和「潛在市場的規模是否夠大？」等問題；然後，生成式 AI 以有建設性的方式質疑管理者，比方可強調需要更多市場證據或客戶回饋來證實，而不只是主觀評斷。

**步驟3** AI 協助管理者和團隊評估競爭環境（「我們能取勝嗎？」），並提出重要問題。「競爭對手的產品能否提供相同的結果或利益給客戶？」、「這種優勢是否可持續？」、「競爭對手會如何回應？」AI 從競爭對手的角色和視角來看，模擬可能的反制措施；接著，管理者進行評論與提供回饋。

**步驟4** AI 幫助管理者檢視風險與報酬（「這值得做嗎？」）。AI 可以問：「這對公司現有產品或服務的銷售有利或有害？」「與經銷商、分銷商、監管機構之間的關係又會變得如何？會增強，還是損害？」然後，AI 會用「假如……」的假設分析來設計情境，使討論更加貼近實際情況。

**步驟5** AI 把討論過的主要觀點整理成表。AI 列出重要項目、相關問題及答案。此外，AI 也列出尚未

有明確答案的問題，建議蒐集更多佐證。
- **製作提示詞：**
可至 hbr.org/book-resource 下載對話大綱的可編輯版本，依照需求修改，然後複製、貼到你選擇的聊天機器人中。

\* George S. Day, "Is It Real? Can We Win? Is It Worth Doing?," Harvard Business Review, December 2007, https://hbr.org/2007/12/is-it-real-can-we-win-is-it-worth-doing-managing-risk-and-reward- in-an-innovation-portfolio.

## 評估供應鏈策略

供應鏈的每個環節都會面臨許多挑戰：從確保供應鏈的韌性和永續發展，到採購和生產策略，再到供應商的選擇和優化物流策略。這些決策的風險始終很高，因為這些決策不只會對營運造成立即的影響，還會對公司的競爭力、財務健康和品牌聲譽產生長期影響。

權衡不同的選項並不簡單，因為每個決策都牽涉甚廣，也可能影響不同業務的不同層面。[3] 請思考以下例子：

- 為了強化供應鏈的韌性而擴大供應商來源，可能因此增加營運的複雜性和成本，對許多企業奉行的精實營運模式構成挑戰。
- 將生產線遷回國內（在地生產）或鄰近地區（近岸外包），可以提高供應鏈的韌性和永續性，但可能導致成本上升。
- 外包雖然成本較低，但在貿易關係緊張和疫情等全球不確定性因素影響下，可能會容易出問題。
- 雖然建立安全庫存和備援措施與即時生產的庫存管理原則相違背，而且會增加成本，但對於降低供應鏈中斷的風險相當重要。

讓生成式 AI 成為協思夥伴，可以幫忙考慮供應鏈策略的各個層面：

- **供應來源多元化**。要求生成式 AI 討論不同理由，如地理風險、供應商可靠性、成本變動和物流運作難度。在對話中，要求生成式舉例或模擬真實情境。例如，「假

**小訣竅：如何與生成式 AI 討論供應鏈管理**

　　與生成式 AI 討論供應鏈管理時，嘗試以下問題，請 AI 具體說明現況並且舉例。請隨時提供更多相關的背景資訊。

- 成本 vs 品質：「組織通常如何壓低成本，又不會犧牲供應商提供的材料或服務品質？」
- 單一供應商 vs 多個供應商：「在追求成本效益及供應鏈整合的考量下依賴單一供應商，以及為了增強供應鏈韌性而分散多個供應商之間，一般會如何取捨？」
- 長期合約 vs 靈活性：「為了確保供應鏈的穩定和優惠條款而簽訂長期合約，比起為了保持彈性以更迅速適應市場變化，兩種做法各有何優缺點？」
- 本地供應商 vs 全球供應商：「當我們考慮本地供應商具有交貨時間較短和永續性的優勢，全球供應商則可能帶來的成本優勢或獨特產品，應該考慮哪

些面向？」

- **合作 vs 競爭**：「在管理供應商關係時，為了追求創新和效率而促進合作，以及為了節省成本維持競爭關係，兩者之間需要權衡哪些利弊？」

設你是一家公司[請自行說明公司類型]，正在評估兩種不同的供應鏈策略。你不知要維持少數優質供應商為主的精實模式，還是擴大分散供應商網路[請自行指定策略]。基於以上考量，描述你在做決策時應如何權衡」。

- **地點。**要求生成式 AI 討論你們公司的物流和製造地點策略，考慮不同地區的關鍵因素，如勞動力成本、市場進入能力、監理環境和地緣政治穩定性。分享你的產業和其他產業的範例，生成式 AI 可以幫你思考各種策略（回流設廠、友岸外包、近岸外包、離岸外包），增強供應鏈的安全和反應能力。
- **技術顛覆。**要求生成式 AI 幫忙思考新科技如何影響產業的供應鏈和營運模式。[4] 你只要輸入一些資訊就可以展

開對話，深入探討某一項新科技，了解你的所屬產業可能如何運用。

在第4部，我們描述生成式AI如何幫忙執行企業管理，擔任數據分析和客戶洞察的助理；或成為協思夥伴，幫忙處理更複雜的任務，包括商業方案的研擬和決策。我們將在下一部探討如何利用生成式AI來領導變革。

**重點摘要**

關於執行重要決策，將生成式AI當作協思夥伴，可以幫忙：

- 使用常見的商業框架來建構或檢驗你的業務策略
- 在決策和投資前評估創新構想。
- 從來源、地點和技術方面評估你的供應鏈策略。

# 第5部

# 變革管理

生成式 AI 可支援企業轉型與領導變革，
從執行規劃到策略思考，提升溝通效率，
進而領導團隊邁向新里程。

# 第 20 章
# 組織變革如何加速

每位管理者都知道,向團隊推動變革必將面臨挑戰,無論是新的系統、修訂流程、新的工作方式,或是商業模式的改變。根據不同狀況,員工對變革的反應可能是被動接受或是直言不諱。即使沒有公然反對,也常會聽到這樣的抱怨:「他們不知道現在時機不對嗎?」或「又來了。又要搞這套?」[1]

變革,對員工和必須以身作則的管理者來說都很困難。根據你在組織中的角色,參與變革管理的程度可能有所不同。如果你是人力資源經理,重點可能是「人」,也就是必須確保員工被告知、支持,並接受必要的培訓,以適應新的流程或系統;如果你是業務部門經理,目標是使

### 表 20-1　利用生成式 AI 加速的變革管理任務

|  | 助理 | 協思夥伴 |
|---|---|---|
| 第 5 部：<br>變革管理 | 轉型支援<br>● 規劃與追蹤變革計畫<br>● 增進溝通與互動 | 領導變革<br>● 定義轉型策略<br>● 克服阻力<br>● 加速思維轉型 |

變革策略符合業務目標，處理變革對部門營運造成的影響，以及引導你的團隊完成轉型。

技術和數據可以大幅提高變革計畫的成功率。根據凱捷策略與轉型部門的研究，採用數據來推動變革的管理者，比不利用數據的管理者更成功。[2] 在整個轉型過程中，生成式 AI 特別有助於推動變革管理工作。

生成式 AI 作為助理，可以協助完成組織變革過程中的諸多管理任務，例如：規劃（確立變革計畫不同階段與活動的結構、流程）、溝通（為組織內各群體量身打造內容和溝通管道）和掌握進度（即時追蹤和分析參與程度）。

讓生成式 AI 擔任你的協思夥伴，可以幫忙處理更複

雜的任務。首先，它能扮演變革管理專家的角色，指導你選擇和執行最適合你的情況的方法，幫你思考如何選擇策略，比如變革的速度和範圍，以及利害關係人的參與程度；其次，它可以幫你思考即將遭遇或預見的阻礙類型，詢問原因，幫你巧妙的應對；最後，生成式AI可以成為協思夥伴，幫你考慮如何推動必要的心態轉變，延續變革的動力。

在第5部，你會先學到如何讓生成式AI成為助理，協助組織進行轉型，也會看到實際的提示詞範例，讓你動手操作。此外，你將學習如何讓生成式AI成為領導變革的協思夥伴（第22章），在指引之下進行有價值的對話，把你的計畫架構轉化為可立即執行的提示詞。

## 重點摘要

生成式 AI 可以在助理模式（支援企業轉型）和協思夥伴模式（領導變革）兩方面幫助管理者推動變革：

- 把生成式 AI 當成助理，可以支援變革管理任務，如規劃、溝通和追蹤。
- 把生成式 AI 當成協思夥伴，可以幫你考慮變革計畫中適當的管理方法、成果預測、或是因應變革產生的問題，以及促進新的思維轉變。

# 第 21 章
# 轉型支援

本章介紹變革管理的兩項任務,並使用生成式 AI 作為助理:**規劃與追蹤變革計畫**以及**增進溝通與互動**。

組織轉型已經成為常態。組織必須不斷發展,以因應技術創新、實現永續發展目標、因應地緣政治緊張局勢,或者因應經濟波動。在這樣的環境下,公司積極接受業務和組織的變革,使轉型計畫成為企業重心。[1]

變革可以發生在不同的層級,公司、部門、單位、子單位,甚至是團隊。有些計畫可能因為規模龐大,需要長期執行,譬如數位轉型。有些變革計畫可能比較小,但是仍舊很重要;例如,區域業務主管實施新的銷售方法,需要重新培訓銷售人員,或是第一線主管負責在自己的團隊

中實施新的績效管理系統。儘管如此，雖然規模不同，有效變革管理原則在任何層級和職能都適用。

如果你是管理者，為了在團隊或單位內領導變革，必須做好準備。這件事向來需要大量的時間和資源，包括一些繁重且不得不做的任務，像是提交報告。將生成式 AI 當成助理，可以簡化與變革管理相關的許多任務，包括規劃、追蹤和溝通。這樣做使你得以空出時間，專注於對轉型成功而言不可或缺、更為艱巨且關鍵的面向。

### 規劃與追蹤變革計畫

為了持續更新變革計畫的相關訊息，通常會出現大量的行政工作，尤其是大型計畫。生成式 AI 可以減輕這種報告負擔，並提供新的改良方案。[2] 讓生成式 AI 當助理，可以減輕、優化與管理變革相關的任務；例如：

- **設置變革任務團隊**。你可以要求生成式 AI 建議最佳團隊所需的人才；例如，「根據類似變革計畫的最佳做法，我的計畫章程中是否缺少任何技能或人員配置？」然後

起草一份詳細說明不同角色要做什麼的文件，以避免角色衝突和模糊不清。

👉 **試試看**：要求生成式 AI 針對部門[請自行指定部門]的變革倡導者，詳細說明其角色的重要職責與所需技能。然後，要求生成式 AI 說明在轉型的每個階段[請自行指定階段]中倡導者應該優先考慮的兩項具體支援活動。

👉 **試試看**：要求生成式 AI 根據你提供的筆記[請自行指定分享、連結或上傳]為變革計畫[請自行指定計畫]擬定團隊章程的草案。

- **規劃**。你可以要求生成式 AI 詳細說明變革計畫的各個流程，確認它們之間有沒有互相牽連、能夠互補、或彼此能配合的地方。如果你已經有一份文件或報告，可以要求生成式 AI 就不同面向（例如，「是否遺漏任何面向？」）、順序（「是否可能出現什麼瓶頸？」）或描述（例如，「描述方式是否有任何模糊的地方？」）來提供回饋。

- **提供最新資訊給利害關係人**。你可以要求生成式 AI 幫助你籌組利害關係人會議；例如，「就利害關係人[請自行指定對象]的定期更新會議，安排一個45分鐘的議程」。或是準備內容；例如，「從最新的專案更新報告中，摘取三個重點，並針對不同利害關係人[請自行指定對象]進行調整」。最後總結；例如，「歸納利害關係人[請自行指定對象]提出的問題，列出下次會議前我必須澄清的重點」。

- **績效追蹤**。要求生成式 AI 幫你定義與公司轉型目標緊密相連的適當指標，並且找出有效方法來溝通。[3]

  ☞ **試試看**：要求生成式 AI 列出變革管理計畫[請自行指定計畫]的十個常見指標。

  ☞ **試試看**：針對以[請自行指定指標]測量員工投入程度的結果，要求生成式 AI 提出三種圖表呈現的方法。

- **客製化報告**。要求生成式 AI 為不同的利害關係人製作客

### 作為助理的生成式 AI 如何衡量變革計畫

生成式 AI 可以幫你以下五件事：

- **識別**。要求生成式 AI「列出工作 [請自行指定工作] 流程的五個指標」。請自行指定類型或格式，並提供優良指標的範例。
- **制定**。要求生成式 AI「針對每個指標，推薦兩個重要績效指標及相關公式」。
- **衡量**。要求生成式 AI「針對每個指標，在文件 [請自行指定文件] 或資料庫 [請自行指定資料庫] 中，檢驗數據是否齊全」。
- **解釋**。要求生成式 AI「在資料集 [請自行分享、連結或上傳] 中，按指標列出異常值，並提出可能的解釋；例如，是否有誤或需要考量什麼趨勢」。
- **溝通**。要求生成式 AI，「將指標 [請自行指定指標] 轉化為簡短的文章，並為利害關係人 [請自行指定對象] 提供圖表」。

製化報告，包括調整格式、風格和資訊。例如，為高階主管生成執行摘要，為計畫團隊生成詳細進度報告，或為內部溝通製作數據圖表儀表板（dashboards）。

👉 試試看：要求生成式 AI 為即將舉行的計畫指導委員會會議，提供當前工作流程[請自行分享、連結或上傳]狀態的摘要報告。把焦點放在三個重要領域：進度（工作流程的 KPI）、與目標之間落差的說明以及應變措施。

👉 試試看：要求生成式 AI 根據文件[請自行分享、連結或上傳]製作報告，把焦點放在過去一季選定的指標[請自行指定指標]。

- **整理學習成果。** 如果生成式 AI 已整合到公司的知識管理系統，可請生成式 AI 闡述蒐集到的經驗教訓、最佳做法和成功案例，以利組織內部知識的蒐集與傳遞。

    👉 試試看：要求生成式 AI 分析計畫報告[請自行分享、連結或上傳]，歸納重要的經驗教

訓。

👉 **試試看**：要求生成式AI分析員工的回饋意見 [請自行分享、連結或上傳]，找出需要改進的地方。

👉 **試試看**：要求生成式AI把成功案例 [請自行分享、連結或上傳] 編寫成引人入勝的故事。

👉 **試試看**：要求生成式AI根據文件 [請自行分享、連結或上傳] 製作每週摘要。請涵蓋早期成功案例，以利其他團隊加速變革。

**增進溝通與互動**

　　任何變革專案的成功，最重要的是有效溝通與積極參與。這些任務向來會消耗大量資源，需要投入大量時間和精力來準備內容、資訊和材料，還要籌劃適合不同群體的活動。我們可以讓生成式AI當助理，來簡化工作並增進溝通與參與度。

> **小訣竅：讓生成式 AI 用數據說故事**
>
> 　　在有效的變革計畫中，可供佐證的數據對溝通而言非常重要，因為它可以補充說明並增加資訊的可信度，在整個轉型過程中提高接受度和認同感。
>
> 　　一旦你與生成式 AI 分享變革管理計畫的主要目標，可以詢問 AI：
>
> - **支持變革的證據。**「瀏覽文件 [請自行指定文件] 或資料庫 [請自行指定資料庫]，從中找出關鍵數據，根據單位、團隊或國家 [請自行指定群體] 的情況，找出支持變革的理由」。
> - **變革的證據。**「撰寫團隊 [請自行指定群體] 的成功故事，內容包括重要成就的量化數據 [請自行指定數據來源，如文件夾、資料庫、聊天或電子郵件串]」。

生成式AI可以做到：

- **針對特定對象調整溝通內容和方式**。你可以要求生成式AI為不同利害關係人群體量身打造溝通內容（如電子郵件、電子報、公告）。例如，「針對[請自行指定單位]的[請自行指定對象]，請建議可放電子報中三則相關的內部文件、影片或內部文章等參考資料」。此外，對於轉型中的跨國組織，可以要求生成式AI把溝通內容翻譯成當地語言，使各地區的人員都能更了解轉型方案。

- **設計客製化的參與方式**。你可以要求生成式AI應用遊戲化原則，設計與轉型目標相關的互動挑戰或測驗。[4] 將競爭、獎勵和進展等元素融入其中，能激勵利害關係人積極參與轉型過程，增進夥伴情誼和團隊合作精神。
  - ☞ **試試看**：要求生成式AI設計角色扮演遊戲，讓團隊[請自行指定群體]在與組織變革相關的情境中探索，做出決策並體驗這些選擇的後果。

〔對話範例〕生成式 AI 是你的助理
## 遊戲化

一家大型企業為了推行永續轉型計畫，變革管理團隊使用生成式 AI 推出一個吸引人的客製化訓練活動：永續冠軍挑戰。

生成式 AI 為員工量身打造，設計減少碳排放的互動測驗和活動。例如，要求工程師回答如何優化其部門的能源使用，行銷專業人員面對的問題則是因應推廣環保產品包裝相關的挑戰。

而且生成式 AI 會幫每個人量身打造整套遊戲流程，根據每一個人的情況調整難度和更新內容，激勵他們參與。持續獲得高分的員工會遇到更難的題目；如果員工需要多一點幫忙，則會得到特別額外提供的學習資源。

透過生成式 AI 把學習變成遊戲，公司不只成功傳遞知識，也鼓勵員工在實際工作中落實永續行為。

☞ **試試看**：要求生成式 AI 根據訓練材料[請自行連結、分享或上傳文件]涵蓋的學習目標，推薦三個適合團隊[請自行指定群體]的測驗。測驗應著重於評估參與者對重要轉型概念的理解，以及把這些概念應用在真實情境的能力。

- **製作問答集**。你可以要求生成式 AI 從你分享、連結或上傳的文件中，生成問題和答案（Q&A）。生成式 AI 可以提出一系列問題配對，為大家解惑或澄清疑慮，並提供實用資訊、案例或文件段落的連結以利進一步閱讀。你也可以決定呈現的格式和風格，檢視內文是否正確。

  ☞ **試試看**：要求生成式 AI 根據文件[請自行分享、連結或上傳]創造十組問答，並指定你希望得到的答案類型（例如：幾個字的簡答、兩句以上的詳答、或是非題）。

  ☞ **試試看**：要求生成式 AI 針對變革方案[請自行指定方案]製作一份問題排解手冊。此手

冊應以問答集方式編排，每一個答案都要提供有條理的步驟說明，以及額外的資源或提示。

本章探討在推動變革時，生成式 AI 如何協助專案管理，完成各種任務。在下一章，你將了解生成式 AI 如何成為策略思考夥伴，解決變革管理面臨的重要問題，如克服阻力，以及如何引導團隊改變思維。

## 重點摘要

在轉型計畫中，使用生成式 AI 可以幫你簡化並提升工作效率，例如：

- 規劃和追蹤變革計畫的進度，協助專案團隊設計，向利害關係人報告和提供最新資訊，以及整理學習成果。
- 透過量身打造的訊息和遊戲、以及建立問答集，來增進溝通和參與。

# 第 22 章
# 領導變革

本章涵蓋變革管理的三項任務,並使用生成式 AI 作為協思夥伴。分別是:**定義轉型策略、克服阻力、以及加速思維轉型**。

如果你是管理者,遲早會發現自己處在不得不領導變革的情況。無論變革是為了適應客戶偏好轉變、部門採用新的技術工具、收購公司後重組單位,還是重新規劃特定工作流程,變革從來都不是一件容易的事,總會遇到障礙和阻力,需要努力克服。成功的變革始於身為管理者的你以身作則,幫助團隊擁抱所需的思維,以利實現變革。

讓生成式 AI 成為你的協思夥伴,可以在多個重要階段成為你的強大盟友。

首先，生成式 AI 可以幫你解釋變革的必要性，清楚闡明願景和策略。關於變革的理由，你可以讓生成式 AI 協助創造一個有說服力的故事。

　　其次，生成式 AI 可以幫你在整個轉型過程中克服阻力。你可以請生成式 AI 思考可能會出現的反對意見和摩擦，與你在事前辯論出現這些阻力的根本原因，歸納出適當的溝通行動，進而解決疑慮並爭取支持。

　　最終，變革成不成功，取決於能否贏得人心。要讓人打從心底認同，真正接納改變。你可以請生成式 AI 幫你加速改變團隊的思維模式，提供具體的例子和實用的建議，把新的思維模式轉化為具體行動和日常習慣。

### 定義轉型策略

　　定義轉型時，下列四個關鍵非常重要：清楚說明變革的原因、以有說服力的方式傳達變革刻不容緩、明確描繪未來期望的樣貌，以及實現這個樣貌的途徑。

〔對話範例〕生成式 AI 是你的協思夥伴
## 定義轉型策略

- **角色**：
生成式 AI 擔任變革管理專家的角色，運用源於最權威理論的最佳做法，如約翰・科特（John Kotter）的成功變革八大加速器。*

- **場景**：
管理者與生成式 AI 一對一互動。然而，在最後一步，管理者與選定的利害關係人一起審查草擬的變革願景和策略闡述。

- **對話大綱**：
  步驟1 AI 請管理者闡明為何需要變革。管理者回答，並提供背景資訊。
  步驟2 AI 幫助管理者找出最相關的證據。例如：數據、訊息，以利傳達急迫感。
  步驟3 AI 詢問管理者在哪些方面碰到阻力。AI 可以提供典型的變革阻礙列表和範例；管理者則提供

公司現有阻礙的相關背景資訊，讓生成式 AI 能更精準提供相關案例，以及如何克服阻礙的建議。

**步驟 4** AI 協助管理者評估轉型的重要利害關係人。AI 思考他們角色的重要性，並指出最重要的利害關係人是誰，管理者必須爭取他們的支持。

**步驟 5** AI 起草一篇激勵人心的願景聲明來推動變革，然後由管理者審查。

**步驟 6** 從願景聲明開始，AI 闡明轉型策略的主要支柱。管理者評論，並提供回饋。可請 AI 提議向特定利害關係人徵詢意見，然後再次開會以進行後續調整。

- **製作提示詞：**

可至 hbr.org/book-resources 下載對話大綱的可編輯版本（英文），依照需求修改，然後複製、貼到你選擇的聊天機器人中。

＊John P. Kotter, Vanessa Akhtar, and Gaurav Gupta, Change: How Or- ganizations Achieve Hard-to-Imagine Results in Uncertain and Volatile Times（New York: Wiley, 2021）.

## 克服阻力

在各行各業,組織變革的實施成效普遍來說差強人意。研究表明,50％至75％的變革以失敗收場。[1]即使在成功的案例中,很多也無法達到最初目標。為什麼變革如此困難?無法有效變革的最大阻力之一就是「人」,不論是整個公司、單一部門、子單位或是小團隊,各層級皆是如此。如果你是管理者,首要任務之一就是協助團隊成員克服人性中固守現狀的本能。

生成式AI是你的協思夥伴,可以幫你追查團隊中的阻力從何而來,共同找出克服阻力的方法。例如:

- **預測潛在阻力**。請生成式AI列出典型的阻力來源,描述導致這些阻力的常見心理和組織機制。記得提供與你的情況相關的範例,讓生成式AI一同思考阻力背後的原因,協助你發現早期訊號。
- **建議減少阻力的實用方法**。請生成式AI引導你釐清問題,透過一連串有系統的提問,找出處理阻力的有效解決方案。在這個過程中,基於你的情況,生成式AI可以

〔對話範例〕生成式 AI 是你的協思夥伴
## 克服阻力

- **角色：**
生成式 AI 擔任變革管理專家。
- **場景：**
管理者與生成式 AI 進行一對一互動。
- **對話大綱：**

**步驟1** AI 請管理者提供關於變革計畫的背景，然後讓 AI 說明典型的阻力來源；例如，羅莎貝絲・摩斯・肯特（Rosabeth Moss Kanter）提出的十個最常見的阻力來源。*管理者提供回饋或徵詢更多建議。

**步驟2** AI 請管理者選擇與當前情況最相關的阻力來源。

**步驟3** AI 向管理者連續拋出三個有系統的提問。以利管理者深入了解阻力的早期訊號或警告。

**步驟4** AI 根據文獻資料建議兩個處理阻力根源的具

體行動。

- **製作提示詞：**

可至 hbr.org/book-resources 下載對話大綱的可編輯版本（英文），依照需求修改，然後複製、貼到你選擇的聊天機器人中。

＊Rosabeth Moss Kanter, "Ten Reasons People Resist Change," hbr.org, September 25, 2012, https://hbr.org/2012/09/ten-reasons-people-resist-chang.

分享一些成功的變革管理案例，包括利用經過驗證的有效應對策略，成功解決類似難題的案例分析。

### 加速思維轉型

如果你是管理者，在幫助他人改變思維模式、擁抱變革方面扮演著重要角色。只透過書面形式說明新思維的重要性，並不足以達成目標。如果不持續追蹤，很難改變核心思維。

利用生成式 AI，你可以讓團隊親身體驗，從而深入

### 利用生成式 AI，
### 在財務部門推動思維轉型的例子

艾美是財務主管，她的公司正致力於全球化整合。她需要在她的部門推動思維轉型，從著重於本地轉為放眼全球。艾美雖然已經舉辦過宣導會、發放資料，也做簡報，但還是擔心團隊在日常作業並沒有真正接受新思維。

為了積極推動思維轉型，艾美要求部門所有的下屬使用生成式AI，思考在財務中採納全球思維模式的涵義和優點。

艾美的團隊成員在良好的引導下進行共同思考對話。然後，艾美召開團隊會議，請每個成員分享自己運用生成式AI培養全球視野的經驗。

因為生成式AI，艾美的財務團隊不再只是被動的了解全球化思維，而是積極、主動的實踐。

〔對話範例〕生成式 AI 是你的協思夥伴
## 加速思維轉型

- **角色**：
  生成式 AI 擔任推動改變思維的專家，提供關於需要什麼、以及如何具體實踐的方法指導。

- **場景**：
  團隊成員與生成式 AI 之間的反思互動。在最後一步，生成式 AI 建議團隊成員在測試新思維的做法幾週後重新加入對話，討論進展或解決實行時可能出現的挑戰。透過這種方式，這場反思對話將成為學習旅程的起點，並以持續的追蹤會議來深化學習。

- **對話大綱**：
  團隊成員與生成式 AI 之間循序漸進的討論。
  步驟1 AI 請團隊成員分享關於組織、新思維模式、以及轉變的背後理由。AI 以範例或情境闡明新思維模式的實踐意義以及如何體現；團隊成員對範例發

表評論。

**步驟2** AI 向團隊成員提出三個問題。AI 可協助成員評估現階段思維轉變的成熟度；團隊成員透過自我評估結果進行反思，找出能與目標縮小差距的首要改進方向。

**步驟3** 針對選擇的改善機會，AI 請團隊成員提供一個日常工作中的實際案例。

**步驟4** AI 建議團隊成員可以應用的三個做法、技巧或例行程序。團隊成員評論這些選擇並從中擇一。

**步驟5** AI 建議在幾週後重新加入對話。以便團隊檢討實施時遇到的任何困難。

- **製作提示詞：**

可至 hbr.org/book-resource 下載對話大綱的可編輯版本（英文），依照需求修改，然後複製、貼到你選擇的聊天機器人中。

了解新思維模式背後的邏輯、優勢和實際應用。這樣的積極推動能有效提升團隊的投入、認同，確保你所推動的思維轉型能持續下去。

為了推動和鼓勵在日常情況下實踐思維轉型，生成式 AI 能透過有系統的方式來幫助你和你的團隊。從思維模式的改變開始，團隊成員與生成式 AI 進行有組織的對話，評估思維模式的成熟度，反省需要改進的領域，並接收量身打造的建議和情境範例。

詳細說明生成式 AI 如何協助領導變革之後，三十五項可用生成式 AI 優化的任務已經全部介紹完畢。最後，在結語部分，我們將深入探討生成式 AI 對工作模式帶來的影響，以及如何為 AI 賦能的未來做好準備。

## 重點摘要

在領導變革中,生成式 AI 身為協思夥伴,可以支持你完成重要任務,例如:

- 明確表達變革的需求和激勵人心的願景。
- 了解阻力的原因以及如何克服。
- 幫助團隊擁抱變革所需的新思維模式。

## 結語
# 生成式 AI 對工作模式的影響

　　本書闡述三十五種在工作中利用生成式 AI 的方法。我們希望你已經嘗試過這些方法，也開始探索其他任務，使你在工作上更得心應手。既然你已經認識生成式 AI 的力量，下一個目標應該是讓所有人擴大運用這項技術的範圍。無論你管理的是一個團隊、一個部門，還是領導一家公司，並不是簡單下令所有人開始使用生成式 AI 就好。

　　在開始之前，你必須思考幾個問題：

- 生成式 AI 將如何重塑團隊、部門或職能的運作方式？
- 傳統工作流程是否有必要修改？如果是，要用什麼方式？

- 需要獲得哪些新技能？如何獲取？
- 應該建立哪些新規則？

為了找到答案，關鍵是依循一條清晰的路徑，從實驗開始，引導學習和技能的提升，最終重新構想工作流程，實現人機合作的境界。這篇結語的目的就在引導你踏上這段旅程。

## 四大步驟展開工作模式的轉型之旅

書中提供很多範例，讓你看到如何與生成式 AI 合作、進行腦力激盪、分析數據、引導思考和提供建議。你和你的團隊必須熟悉人機合作的混合工作模式，這需要新的技能。新的團隊互動方式也會出現。你需要重新設計工作流程，把 AI 整合到各種任務和步驟當中，最終促成組織變革。

你的轉型之旅應包括四個步驟：

**1. 實驗兩種模式**。首先，你的團隊選擇一系列任務進行有

計畫的實驗,先從非關鍵性的工作流程開始。為了熟悉、理解與生成式 AI 合作的必要條件,必須輪流使用兩種互動模式(助理或協思夥伴)。
2. **培養新技能**。學習如何與生成式 AI 交談,掌握設計提示詞的技巧,磨練你和你的團隊的對話技能,真正實現人機對話。在實驗過程中,自始至終都得強調人類的判斷力和批判思維,避免過度依賴模型。[1]
3. **重新設計工作流程**。重新思考流程和相關任務,促進人機合作。決定誰應該做什麼(有時,你可能希望在簡單的監督下由 AI 執行任務,但在其他情況下,你可能希望由人類控制整個工作流程),並決定合作的適當順序。
4. **建立集體責任**。提供指導方針和框架,培養負責任和合乎倫理的使用方式,最終建立共同承擔責任的文化。

接下來,我們將詳細研究這四個步驟:

## 1.實驗兩種模式

在第 2 部至第 5 部中，你學習如何使用生成式 AI 進行各種任務，以及如何與之互動。當你準備把這些實驗從小團隊擴展到數百人時，必須清楚從哪裡開始，以及要怎麼做。過多的自由可能導致混亂和危險行為；過多的控制也可能會扼殺創造力和學習。關鍵是找到一個平衡點。我們建議分階段進行，使用一系列任務來進行實驗。切記在實驗時要嚴格遵守規範，持續記錄效益、風險和教訓。

你的實驗應包括兩種模式，也就是讓生成式 AI 成為「助理」或「協思夥伴」。助理模式最適合大規模實驗，生成式 AI 可為很多人簡化任務，如分析數據或製作幻燈片，適用於影響範圍大的任務，像是涉及大量參與者的實驗，就是理想的選擇，這樣做也可以衡量生成式 AI 能否提高生產力、以及如何提升。

協思夥伴模式則更適合專業、個人化的實驗。在這種模式下，一組專家會與生成式 AI 共同合作、解決問題等複雜任務；例如，他們應該設計對話大綱，反覆測試一連串具邏輯性的提示詞，與生成式人工智慧進行互動，最終

共同產出結果。

此外，可以試著將不同模式混合運用。某一項任務先將生成式 AI 設為「助理」，產出的結果再用「協思夥伴」模式來執行；例如，用數據分析輔助策略擬定。或是反向操作；例如，先思考推動變革的管理策略，然後為目標群體製作客製化的溝通內容。

參考第 4 章列出的常見職場任務表。與你的團隊討論，找出啟動實驗的第一組任務。

### 如何找出可進行嚴謹實驗的任務

優先考慮生成式AI實驗任務時，可以與你的團隊討論這個列表，考量每個任務的影響程度和可行性。下面是可供評估的標準和面向。

**1. 影響程度**
- **業務影響**。評估有形的好處，包括短期（如生產力或成本節約）和中期（如產品創新）。

- **功能匹配度**。考量任務與特定職能或單位的相關程度（如行銷部門的顧客研究或公關部門的演講準備）。
- **學習潛力**。評估技能成長的潛力（如優化人機對話時的提示技能）。

## 2. 可行性
- **遵守規範**。確認公司的政策和規定是否允許在當前工作中使用生成式 AI。
- **使用權**。與 IT 部門確認實驗所需的適當技術和功能是否可用。
- **風險**。考量數據隱私、監管限制、道德問題、輸出品質和可靠程度等因素，排除風險過高的任務，
- **局限性**。評估在組織內廣泛運用時可能遇到的阻礙，這些阻礙會影響可擴增的能力。

經過討論，就影響程度和可行性的高低，把你考慮的所有任務標示在 2×2 矩陣上。然後，從「高影

響程度、高可行性」象限中選擇任務。

　　切記，沒有一體適用的解決方案。即使是同樣的任務，可能因為部門或情況不同，出現不同的評估結果。例如，對創新部門來說，客戶洞察和創意發想等任務可能非常重要；內容生成則對公關部門可能更有意義。

　　以下是一個財務團隊建立的範例樣本：

### 生成式 AI 任務的影響和可行性高低矩陣

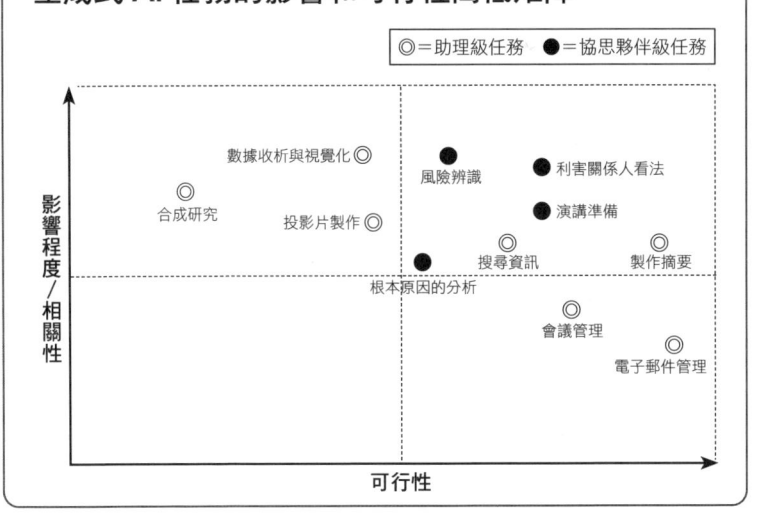

◎＝助理級任務　●＝協思夥伴級任務

影響程度／相關性：
- 合成研究 ◎
- 數據收析與視覺化 ◎
- 投影片製作 ◎
- 風險辨識 ●
- 利害關係人看法 ●
- 演講準備 ●
- 搜尋資訊 ◎
- 製作摘要 ◎
- 根本原因的分析 ●
- 會議管理 ◎
- 電子郵件管理 ◎

可行性

多輪實驗具有很多好處。在進入下一階段前，你可以根據學到的東西來調整實驗的規畫。一套有完整結構的分階實驗方法，對於全面評估利弊、風險與阻礙是不可或缺的。

### 如何建立一套有系統的實驗方法

**1. 測量目的。**你想測量什麼？可以從這些層面來評估：

- **生產力**：在特定任務中節省的時間，或在相同時間內增加的產出。
- **品質**：如準確度、深度、清晰度、創造力等。
- **參與度**：如退出率、未使用的授權、培訓參與度。
- **感受**：如使用者對體驗的滿意度，以及是否會推薦同事在類似任務中使用。

**2. 測量方法。**你如何測量？你可以建立嚴謹的實驗方法：

- **闡明任務**。清楚描述任務和子任務，概述測試者預期的輸出格式和內容。
- **指定 KPI**。為每個任務具體定義追蹤成效的指標。
- **建立控制組**。將測試者與沒有使用生成式 AI 的小組進行比較。
- **時間限制**。分配相同的時間給每個小組來完成任務。
- **評估標準**。確保評估者具有一致的評分方法。
- **特殊案例訪談**。與表現最好與最差的員工進行訪談，深入了解遇到的挑戰與最佳做法。
- **學習社群互動**。透過企業內部聊天平台，即時了解使用者的意見，分享學習心得、交流回饋等。

在實驗的前幾週，請與團隊展開檢討會議，討論進展順利的地方和可以改進的地方，進而從實驗蒐集額外、更詳細的經驗。也請記得要考慮指標之間的權衡。除了單獨分析指標外，整體的觀點也很重要：

- **速度 vs 品質**。雖然加快速度能提高效率，但可能犧牲深度、準確度和清晰度。
- **個人 vs 團隊合作**。提升個人表現可能阻礙集體創造力和合作。對機器的過度依賴則會減少團隊互動。
- **短期收益 vs 長期影響**。雖然削減成本能立即帶來效益，但可能導致員工的長期不滿，因此產生的不良後果。＊

＊Armin Granulo et al., "The Social Cost of Algorithmic Management," hbr.org, February 15, 2024, https://hbr.org/2024/02/the-social-cost-of-algorithmic-management.

## 2. 培養新技能

　　進行實驗將幫助你了解團隊需要發展哪些技能。從測試者在使用生成式 AI 時遇到的挑戰或阻礙開始。例如，團隊可能找不到有效的提示詞要求生成式 AI 執行某些任務，或者在為人機對話制定合適的大綱時遭遇困難。測試者可能會遇到一些常見的陷阱，比如對機器過度信任，後

來才明白確實需要額外的驗證。

　　掌握寫提示詞的知識，不論基本技巧（簡單查詢）或進階技巧（有條理的提示詞）都是重要技能。這可能是你應該開始加強努力的地方。大學、學習機構或學習平台都提供許多關於提示詞的線上課程。有些企業的生成式 AI 工具內建使用教學課程，還有許多公司設立「提示詞學院」來培訓員工，同時提供像是「提示詞庫」的平台來分享和蒐集學習成果。

　　提示詞設計仰賴人類本身的多項能力。例如，如何提出好問題、如何進行有效對話，以及如何運用批判性判斷。[2] 因此，只有提示詞是不夠的。有些組織犯了一個錯誤：對於生成式 AI 的開發只投資於提示詞。其實，他們應該持續投資在更基礎的技術和能力，使人類真正與 AI 不同。這樣才能為大規模且負責任的運用生成式 AI 打下根基。

## 3. 重新設計工作流程

　　每一項個別任務並不是獨立的，它們隸屬一個更大的

系統，會在工作流程中與其他任務連結。一項任務通常與組織內其他流程和團隊的任務產生交集，代表生成式 AI 的影響可以遠超出於個別任務，觸發人類工作方式的轉變。在生成式 AI 的時代，流程的重新設計需要擺脫單純以技術驅動的原則，不再只是將人類過去執行的工作轉移給機器；反之，重點應該放在合作和對話的設計，人類與 AI 一起互動、合作。[3] 你需要為人機合作的流程建立明確的指導方針，包括定義生成式 AI 何時應尋求人類提供回饋，以及概述 AI 和人類如何溝通和合作；例如，生成式 AI 可以提出一份草案，然後尋求人類的意見加以改善，而非自行做出決定。

管理者還應該特別注意各種潛在風險和監管陷阱。[4] 考量生成式 AI 的能力範圍和限制，對於敏感議題培養警覺（如避免生成式人工 AI 監視員工）。

生成式 AI 不僅能加速完成任務，還會重新塑造組織內的工作方式，因此不得不反省生成式 AI 對人際關係的影響。管理者的角色是追蹤生成式 AI 對團隊關係的影響，比如：AI 是否減少合作和溝通的機會？是否導致焦

## 在產品開發團隊重新設計工作流程

想像有一個團隊力求創新,為一條產品線開發新功能。這套新的工作流程由一系列任務組成,從分析數據、獲得客戶洞察、激盪新想法、對新概念達成共識、評估新概念和基本假設,最後進行測試和驗證,進而建立一個穩固的商業方案。

生成式 AI 可以在各種任務的傳統流程與工作人員和管理者合作,明顯提升效能。一開始,身為助理的生成式 AI 可以分析大量客戶數據,歸納常見的模式,識別新興趨勢;人類則指導研究重點,對得到的洞察解讀其中的商業意義。

根據這些見解,生成式 AI 可以集思廣益和生成新想法,人類的創造力則引導整個過程,調整 AI 的概念,以配合策略目標和營運限制。接著,在評估概念的過程中,生成式 AI 提供有系統的思考架構,幫助團隊考慮各個層面與如何取捨。

在整個合作過程中,人類與生成式 AI 基於各自的

> 長處反覆的合作和互動。AI 提供分析能力、多樣化的想法、不同觀點和指導方法；人類則說明情境、批判思考、情商和專業知識。

慮和不確定性？

　　提醒團隊，他們應該以推動積極且有成效的人際互動方式去使用生成式 AI。不要將使用生成式 AI 局限於個人層面（一對一模式），應將 AI 融入到團隊合作的集思廣益會議（一對多模式）。

　　隨著工作流程的演進，你可能還需要調整組織或團隊的結構。這種新結構可能包括 AI 聊天機器人、AI 代理及人類。現在談組織改造會何去何從稍嫌過早，但基於過去的經驗，新技術往往會先改變人們的工作方式，然後才促成更大規模的組織重組。

### 4. 建立集體責任

　　隨著生成式 AI 成為團隊工作方式的一部分，這種整

> **注意對團隊互動的潛在影響**
>
> 　　雖然使用生成式 AI 可以增進團隊表現，但更重要的是考慮萬一不當使用，在團隊互動中會產生哪些潛在風險。
>
> 　　使用這份問題列表，反省與你的團隊討論生成式 AI 對他們工作的影響：
>
> - 個人使用生成式 AI 是否阻礙團隊合作和溝通？
> - 團隊成員是否更傾向於向機器提問，而不是向團隊成員提問？
> - 小組工作會議的數量是否明顯減少？

合會帶來一定程度的不確定性和潛在風險。與以前的技術相比，其中一個關鍵區別是：儘管生成式 AI 擁有令人驚豔的能力，但並非萬無一失。計算機絕對不會出錯，但生成式 AI 會出錯。從統計基礎來看，不準確和錯誤的風險

始終存在,因此最終需要人類來評估,並且驗證大型語言模型產生的輸出品質。[5] 由於人類有過度信任這些系統的傾向,這種「信任陷阱」(參見第3章)會使得情況更加複雜。

有些公司採用多種方式來回應這些風險。大多數人採取謹慎的態度,有些甚至完全禁止員工使用生成式 AI。當然,完全放任也可能會帶來失控的風險。更好的解決方式是取得平衡:在公司面,領導者必須強調信任和責任,並為公平、安全和可持續使用生成式 AI 創造道德框架;在個人面,使用者必須為人機決策設定適當的背景,運用批判性思維。管理者應致力於在各個層級為其團隊培養關鍵技能,使團隊成員能夠預測潛在風險,並且發現異常;例如,辨識捏造的內容和 AI 幻覺。

## 邁向組織「人工智慧化」的未來

本書不僅展現生成式 AI 與管理的整合,還概述各組織通向「人工智慧化」的一條明確路徑;這是一個人類與智慧機器大規模融合的未來。[6] 愈來愈多的工作流程將被

### 個人判斷力 vs 集體判斷力

- **個人判斷力**。判斷力不是在決斷的那一刻才派上用場，從一開始就體現在如何精確的建構問題，考慮更廣泛的情境。在與生成式 AI 互動的過程中，輸出品質取決於人類可提供和回饋什麼，這些都提供重要的背景資訊。真正的判斷力源於人機對話的不斷整合。使用生成式 AI 進行實驗，需要在事前（設定明確目標）、過程中（提出適當問題且提供背景說明）、以及事後行使判斷力（謹慎詮釋建議）。

- **集體判斷力**。團隊透過合作來發揮集體判斷力，當機器提出有關某個專業領域的想法或解決方案時，必須請這方面的專家或同事驗證。此外，團隊應該套用同儕審查流程，讓成員幫彼此審查 AI 生成的結果。

設計成人類和 AI 整合合作的未來。

要預測組織變革的步調並不容易，因為這取決於技術的發展與採納速度。但是，有一點是肯定的：公司必須為人工智慧化的未來做好準備。

面對技術的快速演變，原地不動已經不可行，你無法指望利用落後的工具、流程和工作方式在市場取勝。

如果你是管理者，更應該著手實驗，並揭示未來可能的樣貌。請懷抱自信和責任感向前邁進，你將能開創合作與創新的美好未來。

附錄
# 專有名詞表

**AI代理（AI agent）**：能夠獨立執行任務的自主系統或程式。

**人工智慧（AI）**：由史丹佛大學教授約翰・麥卡錫（John McCarthy）在1955年所創造，指的是「打造智慧機器的科學和工程」。在商業領域，AI通常由機器學習的演算法支援。演算法會與時俱進，做出愈來愈好的決策或預測。

**助理（Co-Pilot）**：與生成式AI模型互動的一種模式，用於推動任務執行，提高生產力。

**協思夥伴（Co-Thinker）**：與生成式AI模型互動的一種模式，可擔任對話夥伴，促進對話反思和批判性思考。

對話（Dialogue）：人機之間有結構的對話，旨在模仿人類對話。

捏造（Fabrication）：一種 AI 的「幻覺」，指 AI 捏造虛構的引文，或創造看似合理、但實際上與已發表的研究不符的內容。

生成式 AI（Generative AI /gen AI）：能從大量數據學習和模仿，並根據輸入的提示詞創造文本、圖像、音樂、影片、程式碼等內容的 AI 程式

生成式預訓練轉換器（Generative pre-trained transformer/ GPT）：由 OpenAI 推出的一種大型語言模型，使用混合式訓練方法，先進行無監督的預訓練，然後再進行有監督的微調階段。

內容限制（Guardrails on content）：在提示詞中加入的引導說明，用來引導生成式 AI 模型，比如參考的訊息類型和數據來源；界定討論的範圍與界限，避免偏離主題；界定適當與否；可供參考的範例。

過程限制（Guardrails on process）：包含在提示詞中的步驟和說明，涵蓋需執行的活動順序；方法流程與判斷

標準;指定輸出的類型和格式。

**幻覺（Hallucination）**：生成式 AI 提供的答案，聽起來合理、但實際上是虛構且不正確的。

**輸入框（Input box）**：輸入提示詞的空間，也被稱為是生成式 AI 模型的「聊天窗口」。

**大型語言模型（Large language model /LLM）**：一種 AI 程式，以數學方式在多個維度上描繪大量詞彙之間的關係，通常會將文字拆解成小單位（符元）來處理。

**多代理系統（Multi-agent system）**：一組相互作用、溝通、共享訊息並共同解決複雜問題的 AI 代理。與 AI 聊天機器人相比，AI 代理能夠自主行動。

**自然語言處理（Natural language processing / NLP）**：AI 的一個分支，專注於電腦如何像人類一樣處理語言。NLP 在商業中的新興應用包括語音識別、語言理解和語言生成。

**提示詞（Prompt）**：給生成式 AI 模型的指令，用以生成內容。

**場景（Setting）**：人機互動發生的背景環境，可能是個

人或團體與 AI 互動（例如在工作坊中使用生成式 AI）。

**合成數據（Synthetic data）**：人工生成的數據，模仿真實數據中特有的特徵和關係，但與實際事件或個人沒有直接聯繫。

# 注釋

## 前言

**1** Capgemini Research Institute, Generative AI in Organizations survey, May-June 2024.

**2** Capgemini Research Institute, Generative AI in Management survey, June-July 2024.

**3** ManagementGPT, a joint experiment by Thinkers50 and Capgemini Invent, 2024, https://www.capgemini.com/insights/research-library/managementgpt-prototypes-of-ai-co-thinkers/.

## 第 1 章

**1** H. James Wilson and Paul R. Daugherty, "Collaborative Intelligence: Humans and AI Are Joining Forces," *Harvard Business Review*, July-August 2018, https://hbr.org/2018/07/collaborative-intelligence-humans-and-ai-are-joining-forces.

**2** Dave Lee, "Amazon's Big Dreams for Alexa Fall Short," *Financial Times*, March 6, 2023, https://www.ft.com/content/bab905bd-a2fa-4022-b63d-a385c2a0fb86.

**3** Ashish Vaswani et al., "Attention Is All You Need," 31st Conference on Neural Information Processing Systems, 2017.

**4** Ethan Mollick, "ChatGPT Is a Tipping Point for AI," hbr.org, December 14, 2023, https://hbr.org/2022/12/chatgpt-is-a-tipping-point-for-ai.

**5** Jaime Teevan, "To Work Well with GenAI, You Need to Learn How to Talk to It," hbr.org, December 15, 2023, https://hbr.org/2023/12/to-work-well-with-genai-you-need-to-learn-how-to-talk-to-it.

**6** Krystal Hu, "ChatGPT Sets Record for Fastest-Growing User Base," Reuters, February 2, 2023, https://www.reuters.com/technology/chatgpt-sets-record-fastest-growing-user-base-analyst-note-2023-02-01/.

**7** Hu, "ChatGPT Sets Record for Fastest-Growing User Base."

**8** Paul Baier, David DeLallo, and John J. Sviokla, "Your Organization Isn't Designed to Work with GenAI," hbr.org, February 26, 2024, https://hbr.org/2024/02/your-organization-isnt-designed-to-work-with-genai.

## 第 2 章

**1** Hal Gregersen and Nicola Morini Bianzino, "AI Can Help You Ask Better Questions—and Solve Bigger Problems," hbr.org, May 26, 2023, https://hbr.org/2023/05/ai-can-help-you-ask-better-questions-and-solve-bigger-problems.

**2** Oguz A. Acar, "AI Prompt Engineering Isn't the Future," hbr.org, June 6, 2023, https://hbr.org/2023/06/ai-prompt-engineering-isnt-the-future.

**3** Elisa Farri and Gabriele Rosani, "Why Managers Need an AI Co-Thinker," *MIT Sloan Management Review Polska*, February 1, 2024, https://mitsmr.pl/a/dlaczego-menedzerowie-potrzebuja-wspolmysliciela-ai/D12kjzgaD.

## 第 3 章

**1** Maryam Alavi and George Westerman, "How Generative AI Will Transform Knowledge Work," hbr.org, November 7, 2023, https://hbr.org/2023/11/how-generative-ai-will-transform-knowledge-work.

## 第 8 章

**1** James R. Bailey and Scheherazade Rehman, "Don't Underestimate the Power of Self-Reflection," hbr.org, March 4, 2022, https://hbr.org/2022/03/dont-underestimate-the-power-of-self-reflection.

**2** Kim Scott, Liz Fosslien, and Mollie West Duffy, "How Leaders Can Get the Feedback They Need to Grow," hbr.org, March 10, 2023, https://hbr.org/2023/03/how-leaders-can-get-the-feedback-they-need-to-grow.

## 第 9 章

**1** For tips on choosing strong metaphors, see Carmine Gallo, "How Great Leaders Communicate," hbr.org, November 23, 2022, https://hbr.org/2022/11/how-great-leaders-communicate; for more on harnessing your voice, see Dan Bullock and Raúl Sánchez, "Don't Underestimate the Power of Your Voice," hbr.org, April 13, 2022, https://hbr.org/2022/04/dont-underestimate-the-power-of-your-voice; for tips on looking and sounding confident, see Carmine Gallo, "How to Look and Sound Confident During a Presentation," hbr.org, October 23, 2019, https://hbr.org/2019/10/how-to-look-and-sound-confident-during-a-presentation.

## 第 10 章

**1** Amy Gallo, "What Is Psychological Safety?," hbr.org, February 15, 2023, https://hbr.org/2023/02/what-is-psychological-safety.

**2** Julia Binder and Michael D. Watkins, "To Solve a Tough Problem, Reframe

It," *Harvard Business Review*, January-February 2024, https://hbr.org/2024/01/to-solve-a-tough-problem-reframe-it.

## 第 11 章

1 SMART 是由明確（Specific）、可衡量（Measurable）、可實現（Achievable）、有關聯性（Relevant）和有時間性（Time-bound）這五個英文單詞的首字縮寫而成，而 FAST 代表目標應該頻繁討論（Frequently discussed）、遠大（Ambitious）、衡量指標與階段性目標要具體（Specific）而且透明（Transparent）。George T. Doran, "There's a SMART Way to Write Management's Goals and Objectives," Journal of Management Review 70 (1981): 35–36; Donald C. Sull, "With Goals, FAST Beats SMART," *Sloan Management Review*, 2018, https:// sloanreview.mit.edu/article/with-goals-fast-beats-smart/.

2 Beth Stackpole, "Build Better KPIs with Artificial Intelligence," *MIT Sloan School of Management*, November 16, 2023, https:// mitsloan.mit.edu/ideas-made-to-matter/build-better-kpis-artificial-intelligence.

## 第 12 章

1 Richard Florida and Jim Goodnight, "Managing for Creativity," *Harvard Business Review*, July-August 2005, https://hbr.org/2005/ 07/managing-for-creativity.

2 Alessandro Di Fiore, "Creativity with a small c," hbr.org, March 19, 2012, https://hbr.org/2012/03/creativity-with-a-small-c.

3 Loran Nordgren and Brian Lucas, "Your Best Ideas Are Often Your Last Ideas," hbr.org, January 26, 2021, https://hbr.org/2021/01/ your-best-ideas-are-often-your-last-ideas.

4 Tojin T. Eapen et al., "How Generative AI Can Augment Human Creativity," *Harvard Business Review*, July-August 2023, https://hbr .org/2023/07/how-generative-ai-can-augment-human-creativity.

5 "Don't Let Gen AI Limit Your Team's Creativity," *Harvard Business Review*, April-March 2024, https://hbr.org/2024/03/dont-let -gen-ai-limit-your-teams-creativity.

## 第 13 章

1 Linda Hill and Kent Lineback, "The Fundamental Purpose of Your Team," hbr.org, July 12, 2011, https://hbr.org/2011/07/the-fundamental-purpose-of-you.

2 Dan Cable, "Helping Your Team Feel the Purpose in Their Work," hbr.org, October 22, 2019, https://hbr.org/2019/10/helping-your-team-feel-the-purpose-in-their-work.

3 Fangfang Zhang and Sharon K. Parker, "How ChatGPT Can and Can't Help Managers Design Better Job Roles," *MIT Sloan Management Review*, October 5, 2023, https://sloanreview.mit.edu/article/ how-chatgpt-can-and-cant-help-managers-design-better-job-roles/.

4 Jeanne M. Brett and Stephen B. Goldberg, "How to Handle a Disagreement on Your Team," hbr.org, July 10, 2017, https://hbr.org/ 2017/07/how-to-handle-a-disagreement-on-your-team.

## 第 14 章

1 Julia Binder and Michael D. Watkins, "To Solve a Tough Problem, Reframe It," *Harvard Business Review*, January–February 2024, https://hbr.org/2024/01/to-solve-a-tough-problem-reframe-it.

2 Arnaud Chevallier, Albrecht Enders, and Jean-Louis Barsoux, "Become a Better Problem Solver by Telling Better Stories," *MIT Sloan Management Review*, Spring 2023, https://sloanreview.mit.edu/article/become-a-better-problem-solver-by-telling-better-stories/.

## 第 18 章

1 Warren G. Bennis and Burt Nanus, *Leaders: Strategies for Taking Charge*（New York: Harper Collins, 1997）.

2 Gabriele Rosani and Mattia Vettorello, "Seeing the Whole Picture," IMD, October 18, 2023, https://www.imd.org/ibyimd/ strategy/seeing-the-whole-picture-why-perspective-taking-is-a-powerful-tool-for-sustainable-decision-making/.

3 Ranjay Gulati, "The Messy but Essential Pursuit of Purpose," *Harvard Business Review*, March–April 2022, https://hbr.org/2022/ 03/the-messy-but-essential-pursuit-of-purpose.

## 第 19 章

1 Roger Martin, The Difference Between a Plan and a Strategy (podcast), hbr.org, May 26, 2023.

2 Michael Olenick and Peter Zemsky, "Can GenAI Do Strategy?," hbr.org, November 24, 2023, https://hbr.org/2023/11/can-genai-do-strategy.

3 Willy C. Shih, "Global Supply Chains in a Post-Pandemic World," *Harvard Business Review*, September-October 2020, https:// hbr.org/2020/09/global-supply-chains-in-a-post-pandemic-world.

4 Narendra Agrawal et al., "How Machine Learning Will Trans- form Supply Chain Management," *Harvard Business Review*, March– April 2024, https://hbr.org/2024/03/how-machine-learning-will-transform-supply-chain-management.

## 第 20 章

1 Erika Andersen, "Change Is Hard. Here's How to Make It Less Painful," hbr.org, April 7, 2022, https://hbr.org/2022/04/change-is-hard-heres-how-to-make-it-less-painful.

**2** Change Management Study 2023, Capgemini Invent, January 24, 2023, based on a survey of 1,175 managers.

## 第 21 章

**1** Antonio Nieto-Rodriguez, "The Project Economy Has Arrived," Harvard Business Review, November–December 2021, https://hbr .org/2021/11/the-project-economy-has-arrived.

**2** Antonio Nieto-Rodriguez and Ricardo Viana Vargas, "How AI Will Transform Project Management," hbr.org, February 2, 2023, https://hbr.org/2023/02/how-ai-will-transform-project -management.

**3** Michael Schrage et al., "Improve Key Performance Indicators with AI," *MIT Sloan Management Review*, July 11, 2023, https:// sloanreview.mit.edu/article/improve-key-performance-indicators -with-ai/.

**4** "Does Gamified Training Get Results?" *Harvard Business Review*, March-April 2023, https://hbr.org/2023/03/does-gamified -training-get-results.

## 第 22 章

**1** Sally Blount and Shana Carroll, *Overcome Resistance to Change with Two Conversations*, hbr.org, May 16, 2017, https://hbr.org/2017/ 05/overcome-resistance-to-change-with-two-conversations.

## 結語

**1** Elisa Farri, Paolo Cervini, and Gabriele Rosani, "Good Judgment Is a Competitive Advantage in the Age of AI," hbr.org, September 25, 2023, https://hbr.org/2023/09/good-judgment-is-a-competitive -advantage-in-the-age-of-ai.

**2** Arnaud Chevallier, Frédéric Dalsace, and Jean-Louis Barsoux, "The Art of Asking Smarter Questions," *Harvard Business Review*, May-June 2024, https://hbr.org/2024/05/the-art-of-asking-smarter -questions.

**3** Paul Baier, David DeLallo, and John J. Sviokla, "Your Organization Isn't Designed to Work with GenAI," hbr.org, February 26, 2024, https://hbr.org/2024/02/your-organization-isnt-designed-to-work-with-genai.

**4** Reid Blackman and Ingrid Vasiliu-Feltes, "The EU's AI Act and How Companies Can Achieve Compliance," hbr.org, February 22, 2024, https://hbr.org/2024/02/the-eus-ai-act-and-how-companies-can-achieve-compliance.

**5** Peter Cappelli, Prasanna (Sonny) Tambe, and Valery Yakubovich, "Will Large Language Models Really Change How Work Is Done?" *MIT Sloan Management Review*, March 4, 2024, https://sloanreview.mit.edu/article/will-large-language-models-really-change-how-work-is-done/.

**6** Harvard Business Review, *The Year in Tech 2025*（Boston, Harvard Business Review Press, 2024）.

財經企管 BCB881

# 職場人的生成式 AI 工作法
《哈佛商業評論》提升生產力、團隊創意和決策品質的 35 堂課
HBR Guide To Generative Ai For Managers

作者 —— 艾麗莎・法瑞（Elisa Farri）
　　　　賈布里・羅薩尼（Gabriele Rosani）
譯者 —— 廖月娟

副社長兼總編輯 —— 吳佩穎
財經館總監 —— 蘇鵬元
責任編輯 —— 楊伊琳
封面設計 —— 張議文

出版者 —— 遠見天下文化出版股份有限公司
創辦人 —— 高希均、王力行
遠見・天下文化　事業群榮譽董事長 —— 高希均
遠見・天下文化　事業群董事長 —— 王力行
天下文化社長 —— 王力行
天下文化總經理 —— 鄧瑋羚
國際事務開發部兼版權中心總監 —— 潘欣
法律顧問 —— 理律法律事務所陳長文律師
著作權顧問 —— 魏啟翔律師
社址 —— 臺北市 104 松江路 93 巷 1 號
讀者服務專線 —— 02-2662-0012｜傳真 —— 02-2662-0007；02-2662-0009
電子郵件信箱 —— cwpc@cwgv.com.tw
直接郵撥帳號 —— 1326703-6　遠見天下文化出版股份有限公司

電腦排版 —— 王信中（特約）
製版廠 —— 中原造像股份有限公司
印刷廠 —— 中原造像股份有限公司
裝訂廠 —— 中原造像股份有限公司
登記證 —— 局版台業字第 2517 號
總經銷 —— 大和書報圖書股份有限公司｜電話 —— 02-8990-2588
出版日期 —— 2025 年 7 月 31 日第一版第一次印行
　　　　　　2025 年 9 月 24 日第一版第四次印行

國家圖書館出版品預行編目（CIP）資料

職場人的生成式 AI 工作法：《哈佛商業評論》提升生產力、團隊創意和決策品質的 35 堂課／艾麗莎・法瑞（Elisa Farri），賈布里・羅薩尼（Gabriele Rosani）著；廖月娟譯. -- 臺北市：遠見天下文化出版股份有限公司, 2025.07

304 面；14.8×21 公分. --（財經企管；BCB881）

譯自：HBR guide to generative AI for managers

ISBN 978-626-417-454-1（平裝）

1. CST：企業管理　2. CST：組織管理
3. CST：人工智慧　4. CST：自然語言處理

494　　　　　　　　　　　　　114008313

HBR Guide To Generative Ai For Managers
Original work copyright © 2025 Harvard Business School Publishing Corporation
Complex Chinese translation copyright © 2025 by Commonwealth Publishing Company, a division of Global Views - Commonwealth Publishing Group
Published by arrangement with Harvard Business Review Press through Bardon-Chinese Media Agency. Unauthorized duplication or distribution of this work constitutes copyright infringement. ALL RIGHTS RESERVED.

定價 —— 480 元
ISBN —— 978-626-417-454-1　｜EISBN —— 978-626-417-473-2（EPUB）；978-626-417-474-9（PDF）
書號 —— BCB881
天下文化官網 —— bookzone.cwgv.com.tw

本書如有缺頁、破損、裝訂錯誤，請寄回本公司調換。
本書僅代表作者言論，不代表本社立場。

天下文化
Believe in Reading